西藏农牧学院林学学科创新团队建设项目（藏财预指 2020－001）
西藏农牧学院"林业经济管理学"课程教辅教材

林业发展大事记

Major Events of Forestry Development

王贞红　主编

中国农业出版社
北　京

图书在版编目（CIP）数据

林业发展大事记 / 王贞红主编 . —北京：中国农
业出版社，2021.9
ISBN 978 - 7 - 109 - 28713 - 6

Ⅰ.①林…　Ⅱ.①王…　Ⅲ.①林业经济－经济发展－
大事记－中国　Ⅳ.①F326.23

中国版本图书馆 CIP 数据核字（2021）第 166974 号

林业发展大事记
LINYE FAZHAN DASHIJI

中国农业出版社出版

地址：北京市朝阳区麦子店街 18 号楼
邮编：100125
责任编辑：刘　伟　　文字编辑：李　辉
版式设计：杜　然　　责任校对：吴丽婷
印刷：中农印务有限公司
版次：2021 年 9 月第 1 版
印次：2021 年 9 月北京第 1 次印刷
发行：新华书店北京发行所
开本：889mm×1194mm　1/16
印张：8.25
字数：300 千字
定价：48.00 元

主　　编　王贞红

副 主 编　赵德军

编写人员　王贞红　赵德军　杨小林

　　　　　张子威　邢　震　叶彦辉

前　　言

　　本教材作为全国高等农林院校教材 2005 版高岚主编的《林业经济管理》辅助本科专业教学的一本参考用书，在西藏农牧学院林学学科创新团队的组织领导下，团队各成员在汇编了国家林业和草原局网上的信息后，整理了 1949 年至 2020 年 7 月期间，国家林业和草原局及相关部门在林业方面制定、发布的政策动态。

　　这本辅助教材初稿经林学专业教学应用普遍反映较好。该教材的出版，使林学专业学生在学习"林业经济管理学"这门课程时，起到辅助教学的作用，就我国的林业发展情况给学生提供一个清晰的脉络和有效的查询途径，改变学生网上查阅信息的习惯。

　　本辅助教材主要包括林业改革的新成就、新经验和出现的新问题，以及随着社会的发展，国家对部门的调整及林业经济、法规、政策等方面的修改制定等全方位的动态。可以作为参阅者查阅林业动态发展的简易工具，也可以作为林学相关专业的辅助教材及参考资料。

　　因本书是首次参考相关资料（http：//www.forestry.gov.cn/）后整理编印，再加上时间仓促，不足之处在所难免，还请同行提出宝贵建议，使其日臻完善。

编　者

2021 年 3 月

目　录

1949 年

9 月 29 日，中国人民政治协商会议第一届全体会议通过《中国人民政治协商会议共同纲领》，其中，第三十四条规定林业工作的方针为"保护森林，并有计划地发展林业"。

10 月 1 日，中华人民共和国成立。关于林业行政，根据中央人民政府组织法，中央人民政府设林垦部，全称为"中央人民政府林垦部"。林垦部内设四司一厅，即林政司、造林司、森林经理司、森林利用司和办公厅。

10 月 19 日，国家任命梁希为林垦部部长，李范五、李湘符为副部长。

12 月 28 日，林垦部邀请来京参加全国农业生产会议的各地林业代表，座谈林业建设的方针、任务等问题。

1950 年

2 月 28 日至 3 月 8 日，林垦部在北京召开全国林业业务会议。确定林业建设的方针是"普遍护林，重点造林，合理采伐与利用"，同时，决定筹备开发大兴安岭林区，整理木材工业，开展森林调查。

3 月 11 日，林垦部、交通部发布《关于公路行道树栽植试行办法》。

3 月 18 日，林垦部发布《关于春季造林的指示》，要求各地发动群众普遍栽树，有计划地营造防护林，尽可能普遍地、有计划地推行封山育林，鼓励农民大量培植油桐、竹子等林木，重点培植薪炭林，开展育苗。

4 月 14 日，中央人民政府政务院第二十八次政务会议审议通过《关于全国林业工作的指示》，规定林业建设的方针是：普遍护林，选择重点有计划地造林，并大量采种育苗；合理采伐，节约木材，进行重点的林野调查；及时培养干部。同时，本次会议还对林业机构设置等问题作出规定。

6 月 15 日，中央人民政府政务院发布《关于严禁铁路沿线居民砍伐路植树木的通令》。

6 月 28 日，中央人民政府委员会第八次会议通过《中华人民共和国土地改革法》。

6 月 30 日，毛泽东主席签署命令发布施行。该法第十八条规定：大森林、大水利工程、大荒地、大荒山、大盐田和矿山及湖、沼、河、港等，均归国家所有，由人民政府管理经营之。其原由私人投资经营者，仍由原经营者按照人民政府颁布之法令继续经营之。

7 月 6 日，林垦部发出《关于发动群众育苗的通知》。

8 月 6 日，周恩来同志在写给毛泽东、刘少奇、朱德同志的信中，就内蒙古东部林业与黑龙江林业是否分开的问题提出，保林、育林、伐林要统一计划，统一管理。

9 月 20~30 日，政务院财政经济委员会、农业部、林垦部在北京召开全国农林计划会议，初步确定农林生产的计划、方针、任务、经费等问题。

10 月 8 日，林垦部、教育部召开林业教育会议，决定在南京大学、金陵大学、武汉大学、中山大学、四川大学、北京农业大学和西北农学院 7 所高等院校设置森林专修科，学制 2 年，设造林、森林经营和森林利用 3 组。之后，在安徽大学、浙江大学、广西大学、东北农学院、山东农学院和平原农学院也开办森林专修科。

10 月 19 日，政务院、人民革命军事委员会发布《关于各级部队不得自行采伐森林的通令》。

11 月 20~26 日，林垦部在北京召开全国木材会议，决定统一调配木材，管理木商，合理使用木材，并讨论 1951 年木材生产与分配问题。

1951 年

2 月 2 日，政务院发布《关于 1951 年农林生产的决定》指出，实行山林管理。严禁烧山和滥伐，划定樵牧区域，发动植树种果，推行合作造林。为了保持水土，还应分别在不同地区，禁挖树根、草根。对保护培育山林和植树造林有显著成绩者，人民政府应给以物质的或名誉的奖励。对于公有荒山荒地，鼓励群众承领造林，造林后林权归造林者所有。

2月14~24日，林垦部在北京召开全国林业业务会议，研究讨论护林、造林以及合理采伐利用等问题。决定实行普遍护林护山；选择重点进行封山育林，典型示范，逐渐推广；在淮河、辽河、永定河及黄河上游选择重点营造水源林，在豫东、东北西部、西北的三边、榆林等地营造防沙林；合理采伐森林，统一调配木材；继续重点调查勘测林野；大量培养林业专业干部。

2月26日，梁希等倡议的中国林学会在北京成立，并选举梁希为第一届理事会理事长。

4月21日，政务院发布《关于适当处理林权明确管理保护责任的指示》。

4月27日，政务院财政经济委员会发布《关于木材供应及收购问题的处理办法》和《关于伐木业务中存在问题的处理意见》。

7月21日，政务院财政经济委员会发布《关于育林费的征收及使用办法之补充规定》。

8月13日，政务院发布《关于节约木材的指示》，对木材的采伐、使用、节约、代用、经营、管理等作出详细规定。

9月11~20日，全国林业行政会议在北京召开。提出林业工作的方针任务：保护山林，发动和组织群众，把森林的严重破坏情况停止下来；迅速开发新林区，并厉行节约木材；开始进行大规模造林。

10月26日，政务院财政经济委员会发布《东北及内蒙古铁路沿线林区防火办法》。

11月5日，中央人民政府决定，将中央人民政府林垦部改称中央人民政府林业部，垦务移交农业部主管。

1952 年

2月12日，政务院财政经济委员会批复《育林费收入处理办法》。

2月16日，林业部发布《关于1952年春季造林工作的指示》，明确规定"谁种归谁"政策和"民造公助"的方针，要求各地积极推动合作造林和封山育林。

3月4日，中共中央发布《关于防止森林火灾问题给各级党委的指示》。同日，政务院发布《关于严防森林火灾的指示》，要求各地实行按级负责制，发动群众，结合农业生产，搞好护林防火。3月6日，《人民日报》发表题为《坚决防止和扑灭森林火灾》的社论。

7月4~11日，教育部召开全国农学院调整会议，拟订高等农林院系调整方案，决定成立北京林学院、东北林学院和南京林学院，保留12个农学院的森林系，在新疆八一农学院增设森林系。

8月12日，国家任命罗玉川为林业部副部长。

11月20日，政务院财政经济委员会发布《关于自1953年度起全国统一试行木材规格、木材检尺办法、木材材积表的命令》。

11月22~28日，林业部在北京召开全国林业会议。决定：除继续贯彻普遍护林、重点造林、合理采伐利用的方针外，应有目的、有计划地造林和开发新林区。除继续营造东北西部防护林及冀西、豫东、永定河下游的防沙林外，开始筹划营造从沽源到陕坝的察绥防护林带及由府谷到定边的陕北防护林带；为配合治黄、治淮工程，在泾河及无定河等流域开始营造防洪林；在淮河上游、永定河上游营造防洪林；苏北、山东、河北按计划营造海岸防护林。

12月19日，政务院审议通过《关于发动群众继续开展防旱抗旱运动并大力推动水土保持工作的指示》，要求各地在山区丘陵和高原地带有计划地封山、造林、种草和禁开陡坡。

12月31日，政务院财政经济委员会决定由林业部统一领导全国国营木材生产和木材管理工作，要求林业部按照国家计划，统一布置全国国营木材生产；统一资金和财政管理；实行全国统一的木材规格、木材检尺办法与木材材积表；根据国家木材分配计划，组织统一调拨；对私有林区进行统一收购与管理。各省设森林工业局或森林工业管理局，直接受林业部领导。

1953 年

2月19日，林业部发布《关于东北国有林内划定母树及母树林有关问题的决定》。

2 月 28 日，林业部发布《关于护林防火的指示》。

4 月 22 日，私有林地区森林工业局长会议提出，采取在国家严格管理下的木材交易自由政策，即"中间全面管理，两头放松"的政策；掌握合理的价格政策；保护林农私有林木。

5 月 18 日，政务院财政经济委员会批准，全国木材产销业务全部划归林业部统一经营管理。

6 月 27 日，政务院财政经济委员会批复《林业部关于建立木材公司的决定》。

7 月 9 日，政务院召开第 185 次会议，审议通过《关于发动群众开展造林育林护林运动的指示》。

7 月 12 日，政务院财政经济委员会、林业部、商业部发布《关于全国木材业务划归林业部门统一经营管理的决定》，确定把木材业务划归林业部统一经营管理，煤建公司经营木材的业务、资金、干部和上缴利润任务全部移交给林业部。

9 月 18 日，国家任命雍文涛为林业部副部长。

9 月 30 日，政务院发布《关于发动群众开展造林、育林、护林工作的指示》，明确规定，开展造林、育林、护林工作应成为各级人民政府，特别是山区各级人民政府的主要任务之一，应成为各级人民代表大会的重要议题之一。各级人民政府在布置农村工作时，应将林业工作列为应有内容，并作统一计划和统一安排。

11 月 11 日，林业部发布《关于加强基本建设工作的指示》。

12 月 12~23 日，林业部召开私有林区森林工业局长会议，提出：正确理解和贯彻"中间全面管理、两头放松"的政策；领导教育林农组织起来，走互助合作的道路；对林区木商有区别地加以利用、限制，并逐步排挤代替；正确掌握价格政策；保护林农私有林木。

12 月 22 日至 1954 年 1 月 14 日，林业部在北京召开全国林业工作会议，提出对国有林逐步实行合理经营管理，即：经过调查设计和通盘规划，制定长期的、科学的、合理的经营管理方案，按方案进行经营；在林业工作中，促进群众的互助合作；划分农村经济区，明确山区生产方针，把领导林业生产作为当地党政的任务。

1954 年

1 月 22 日，政务院财政经济委员会发布《关于征收私有林木的育林费作为育林基金的决定》。

3 月 27 日，毛泽东同志给东北森林工业劳动模范大会复电。

3 月 31 日，林业部颁发《育林基金管理办法》。

5 月 22 日，人民革命军事委员会总参谋部、总政治部发布《关于部队参加植树造林工作的指示》。

6 月 19 日，国家任命惠中权为林业部副部长。

7 月 8 日，林业部、财政部发出《关于征收私有林育林费问题的联合通知》。

7 月 12 日，林业部决定，大区森林工业机构撤销后，在东北成立吉林、哈尔滨、伊春三个森林工业管理局，在西南成立川康森林工业管理局，其余按原省森林工业局不动。

7 月 22 日，林业部发布《关于加强和扩大森林更新和抚育工作的指示》。

8 月 2~12 日，林业部召开全国中等林业教育会议。

8 月 12 日，林业部发布《关于进一步开展与改进造林工作的指示》，要求进一步开展山区的经济区划工作；进一步开展林业生产的互助合作运动；进一步加强造林技术指导，提高造林成活率；进一步整顿、巩固、提高、发展国营苗圃，同时积极稳步地发展群众育苗。

10 月 27 日至 11 月 12 日，高等教育部、农业部、林业部召开第二次全国高等农林教育会议。

11 月 30 日，中央人民政府林业部改称为中华人民共和国林业部。

12 月 10 日，国务院发布《关于进一步加强木材市场管理工作的指示》。

12 月 11~21 日，第四届世界林业大会在印度举行，我国派出以刘成栋同志为团长的中国代表团参加会议，这是我国首次参加世界林业大会。

12 月 27 日至 1955 年 1 月 15 日，林业部在北京召开第五次全国林业会议，提出在 3 年内抓好 3 项带有关键性的中心工作，即：继续进行林业区划与山区生产规划；经过国家规划设计，确定林业重点建设项目，并开始施工；依靠和促进农村的互助合作，把林业生产纳入互助合作运动中去。

1955 年

1 月 31 日，国家任命刘成栋为林业部副部长。

2 月 21～30 日，林业部召开黄河流域营林座谈会，研究黄河中上游水土流失严重地区造林问题。

3 月 24 日至 4 月 24 日，林业部召开国有林区森林工业局长会议，进一步明确森林工业部门的基本任务。既要保证供应发展国民经济建设所需的木材，又要为森林更新、森林扩大再生产创造良好条件。

5 月 10 日，国务院批复林业部，同意试行《全国木材统一支拨暂行办法》。

5 月 23 日至 6 月 7 日，林业部召开私有林区森林工业局长会议，研究对木材收购计划适当控制问题，并确定从 1956 年 1 月起私有林区森林工业改行商业制度。

8 月 6 日，全国人民代表大会常务委员会第二十次会议通过《华侨申请使用国有的荒山荒地条例》。

10 月 10～20 日，农业部、林业部、水利部和中国科学院在北京联合召开第一次全国水土保持工作会议。

10 月 11 日，毛泽东同志在中共七届六中全会（扩大）上指出："农村全部的经济规划包括副业、手工业、多种经营、综合经营、短距离的开荒和移民、供销合作、信用合作、银行、技术推广站等等，还有绿化荒山和村庄。我看特别是北方荒山应当绿化，也完全可以绿化。北方的同志有这个勇气没有？南方的许多地方也还要绿化。南北各地在多少年以内，我们能够看到绿化就好。这件事情对农业，对工业，对各方面都有利。"

10 月 22 日至 11 月 10 日，林业部在北京召开第六次全国林业会议，确定 1956 年的两大任务：保护、经营和管理好现有森林；加强造林工作，提高造林质量。同时，抓住三个中心环节：积极参加和支持农业合作化运动，以合作化运动为中心进行山区生产规划和开展林业工作；进行林业重点建设项目的勘测设计；搞好干部训练。

12 月 17 日，林业部颁发《国营造林技术规程》。

1956 年

1 月 2 日，林业部颁发《国营苗圃育苗技术规程》。

1 月 14 日，中国政府和朝鲜政府签订《关于在鸭绿江、图们江中运送木材的议定书》。

1 月 23 日，中共中央发布《1956 年到 1967 年全国农业发展纲要草案》，其中，第十八条规定："发展林业，绿化一切可能绿化的荒地荒山。"

1 月 31 日，林业部颁发《国有林主伐试行规程》。

3 月 1～11 日，共青团中央、林业部、黄河水利委员会在延安召开陕西、甘肃、山西、河南和内蒙古 5 省（自治区）青年造林大会。会议期间，收到中共中央致大会的贺电，传达了毛泽东同志向全国人民发出的"绿化祖国"的号召，通过了《关于绿化黄土高原和全面开展水土保持工作的决议》。

3 月 10 日，林业部颁发《绿化规格（草案）》和《关于十二年绿化规划的几个意见》。

3 月 18 日，毛泽东同志在听取林业部林业工作汇报时的谈话中指出："林业真是一个大事业，每年为国家创造这么多的财富，你们可得好好办哪！""林业为国家做出了很大贡献。你们回去后，要继续把工作抓好，林业问题还是可以解决的。"

4 月 18 日，中共中央、国务院发布《关于加强护林防火工作的紧急指示》。

5 月 12 日，全国人民代表大会常务委员会决定，成立中华人民共和国森林工业部。

5 月 18 日，共青团中央、林业部发布《关于发动广大青少年进行采种、育苗工作的指示》。

6 月 4 日，国家任命罗隆基为森林工业部部长，张克侠为林业部副部长。

6 月 5 日，国务院发出《关于保护和发展竹林的通知》。

6月19日，林业部发出《关于组织群众及时垦复抚育油桐的通知》。

8月18日，国家任命张庆孚为林业部副部长。

8月20日至9月10日，森林工业部在北京召开国有林区森林工业局长会议。

8月28日，国家任命罗玉川、雍文涛、刘成栋为森林工业部副部长。

10月15日至11月1日，林业部在北京召开第七次全国林业会议，提出：认真贯彻政策，保持群众对林业生产的积极性；做好国营造林工作；在国有林区贯彻主伐规程和进行抚育更新；搞好山区生产规划和绿化规划；整顿机构，训练干部；改善职工生活福利。

11月20日，国务院发布《关于新辟和移植桑园、茶园、果园和其他经济林木减免农业税的规定》。

12月27日，林业部发布《森林抚育采伐规程》。

1957 年

1月18日，林业部发布《采种技术规程》。

1月26日，林业部颁布《国营林场经营管理试行办法》。

2月27日，林业部发布《关于进一步做好防治森林虫害的指示》。

3月5日，林业部颁布《关于机关、团体、企业等部门以及林区居民采伐国有林的几项规定》。

3月23日，林业部发布《关于积极开展国有林迹地更新工作的指示》。

3月25日，森林工业部发布《关于要求各地加强木材管理工作的指示》。

4月8日，国务院发出《关于进一步加强护林防火工作的通知》。

4月12日，林业部颁发《林木种子品质检验技术规程（草案）》。

4月29日，林业部发布《山区林业规划纲要》。

6月3日，农业部、农垦部、公安部、林业部颁发《农林牧业生产用火管理暂行办法》。

7月25日，国务院颁发《中华人民共和国水土保持暂行纲要》。其中，第六条规定，各地应该在合理规划山区生产的基础上，有计划地进行封山育林、育草，保护林木和野生树、草等护山护坡植物；第七条规定，25°以上的陡坡，一般应该禁止开荒。

9月5~12日，林业部、森林工业部在北京召开国有林区林业厅长和森林工业局长座谈会，研究林业和森林工业体制问题，并以两部党组名义向中央提出《关于我国林业与森林工业体制的意见》。

10月22日，全国人民代表大会常务委员会通过《1956年到1957年全国农业发展纲要（修正草案）》。其中，第十八条规定，"从1956年起，在12年内，在自然条件许可和人力可能经营的范围内，绿化荒山荒地。在一切宅旁、村旁、路旁、水旁，只要有可能，都要有计划地种起树来。"

11月10~27日，林业部在北京召开全国林业厅（局）长座谈会，讨论林业建设长远规划和林业体制问题。

12月28日，国务院批复同意森林工业部《关于下放企事业单位的报告》。

1958 年

1月11日，林业部发布《关于加强种子检验工作的通知》。

2月11日，第一届全国人民代表大会第五次会议通过决议，将森林工业部和林业部合并为林业部。

3月12日，林业部党组向中共中央提出第二个五年林业和森林工业计划的初步安排，明确"二五"期间林业和森林工业的基本任务：大力开展群众性的造林运动，适当发展国营造林，迅速绿化一切可能绿化的荒山荒地；加强森林经营管理，提高森林生长率，更好地发挥森林在国民经济的防护作用和经济作用；大力开发利用现有森林资源，大量增产木材；积极发展木材机械加工和化学加工工业，提高木材利用率。达到控制水土流失，保障农业丰收，供应国民经济建设对木材和其他林产品需要的目的。

4月7日，中共中央、国务院发布《关于在全国大规模造林的指示》，主要内容包括：做好规划；

坚持依靠合作社造林为主，同时积极发展国营林场的方针；努力提高造林质量；做好更新和护林工作等。

5月20日至6月15日，林业部在北京召开全国林业厅（局）长会议，提出当前林业工作的任务：大力贯彻实现党的社会主义建设总路线，鼓足干劲，力争上游，多快好省地发展我国林业建设。要求做到：全党动手，全民动员，抓紧时机，大量造林；依靠群众，依靠地方，点多面广，大搞林区基本建设，修路修河，全面开展森林经营利用工作，更多地增产木材和林副产品；做好规划，积极发展木材加工和林产化学工业，推行综合利用，迅速提高木材利用率。

7月12日，毛泽东同志在会见非洲青年代表团时的谈话中指出，"一个国家获得解放后应该有自己的工业，轻工业、重工业都要发展，同时要发展农业、畜牧业，还要发展林业。森林是很宝贵的资源。"

8月21日，毛泽东同志在中共中央政治局会议（北戴河会议）讲话中指出，"要使我们祖国的河山全都绿起来，要达到园林化，到处都很美丽，自然面貌要改变过来。"

8月26日至9月30日，林业部在杭州召开全国林木丰产现场会议，并组织与会代表参观了浙江、福建、湖南、贵州4省11个县的丰产现场。

9月5日，国家任命周骏鸣为林业部副部长。

9月13日，中共中央发布《关于采集植物种子绿化沙漠的指示》。

10月22～27日，林业部在北京召开林业教育改革会议，研究高等林业教育改革方案。

10月27日，经国务院科学规划委员会批准，林业部成立中国林业科学研究院（其前身为1952年成立的林业部林业科学研究所）。

10月27日至11月20日，中共中央农村工作部、国务院第七办公室、国务院科学规划委员会在呼和浩特市召开新疆、内蒙古、甘肃、青海、陕西、宁夏6省（自治区）治沙规划会议。

11月3～13日，林业部在北京召开全国林业厅（局）长会议，讨论实现园林化和1959年的任务问题，同时强调大力发展木材综合利用，大搞人造板加工工业。

11月6日，毛泽东同志在中央领导人、大区负责人和部分省市委书记参加的会议（郑州会议）讲话中指出，"要发展林业，林业是个很了不起的事业。同志们，你们不要看不起林业。林业、森林、草，各种化学产品都可以出。所以，苏联那个土壤学家讲，农林牧要结合。你要搞牧业，就必须要搞林业，因为你要搞牧场。这个绿化，不要以为只是绿而已，那个东西有很大的产品。森林这个东西是多年生，至少是二十五年生，这是南方；在北方，要四十年到五十年。我们将来种树也要有一套，也是深耕细作，养鱼、养猪、种树、种粮。""要园林化，还有个园田化。园田化就是耕作地，园林化就是耕作地和林业地合起来。"

11月20日，林业部、轻工业部、商业部发出《关于大力组织栲胶生产的联合通知》。

11月21日，国家科学技术委员会批准《直接使用原木》《加工用原木》《原木检验规程》为国家标准。

12月15日，中国人民邮政发行《林业建设》特种邮票一套4枚，志号为特27，邮票图名为森林资源、保护森林、油锯伐木、绿化祖国。这是新中国邮票上第一套以反映林业建设为主题的专题邮票。

1959 年

1月10～18日，林业部在北京召开全国林业宣传工作会议。

2月13日，林业部发布《关于积极开展狩猎事业的指示》。

2月23日至3月5日，林业部在北京召开全国林业科学技术工作会议。

3月27日，毛泽东同志在《人民日报》刊载的《向大地园林化前进》中发出"实行大地园林化"的号召。

4月28日，国家任命刘文辉为林业部部长。

6月25日至7月14日，林业部在北京召开全国林业厅（局）长会议，着重研究林区生产方针、人民公社发展林业的各项政策以及如何解决缺材地区的用材等问题。

8月25日，国家任命罗玉川、张克侠、雍文涛、周骏鸣、陈离、唐子奇为林业部副部长。

9月24日，公安部、林业部发布《关于加强护林防火工作的联合指示》。

11月23日，林业部在北京召开全国林业计划会议，提出1960年林业战线的方针和任务：继续在全国范围内，本着全面开发、全面利用的方针，大力开发新林区；大搞技术革新和技术革命，努力提高生产水平；贯彻增产原木和大搞人造板同时并举，木材采伐和森林更新同时并举，综合利用森林资源，以林为主，多种经营的方针。

12月21日至1960年1月2日，林业部在北京召开全国林业厅（局）长会议，着重讨论林业的基地化、林场化、丰产化问题。

1960年

1月7日，国务院批转商业部、林业部《关于由林业部统一归口安排和管理全国木材市场的报告》。

1月29日，中国政府和苏联政府在莫斯科签订《关于护林防火联防协定》。议定沿中苏两国国境线，中国方面东起图们江、苏联方面东起哈山湖，西至双方与蒙古人民共和国交界处止，两侧各50公里的地区，为双方共同护林防火地区。协定共8条，自签订之日起开始生效，有效期5年。

2月5～14日，林业部在北京召开全国林业科学技术工作会议。

2月16日，林业部发出《关于加强次生林经营工作的通知》。

3月16日，中共中央批转林业部党组《关于机关、团体、工矿、企业分工造林绿化的意见》。

3月17～25日，林业部在郑州市召开全国森林保护工作会议。

4月1日，经国务院批准，林业部颁发《国有林主伐试行规程（修订本）》。

4月7日，国务院发布《关于加强松香生产和采购供应工作的指示》。

4月29日，国家任命张昭为林业部副部长。

5月9日，林业部发布《新造林清查暂行办法（草案）》。

6月16日，国家科学技术委员会批准成立南京林业研究所、林产化学工业研究所、林业经济研究所和林业机械研究所。

1961年

1月25日至2月6日，林业部在北京召开黄河流域各省区林业厅（局）长会议，提出，"紧紧围绕生产度灾，以抚育、补植、管理好现有幼龄林为中心，大搞林粮间作；积极开展森林保护、更新和次生林的改造利用，并根据可能条件积极发展造林；做好准备，迎接第三个五年计划期间林业建设的更大发展。"

3月3日，林业部、公安部、农业部、农垦部发布《关于烧垦烧荒、烧灰积肥和林副业生产安全用火试行办法》。

3月25日，林业部发出《关于开展国营森林更新普查工作的通知》。

4月14日，周恩来总理视察云南西双版纳地区，指示：一定要保护好这富饶美丽之乡，保护好自然资源，要做人民的功臣，不要做历史的罪人。

6月26日，中共中央颁布《关于确定林权、保护山林和发展林业的若干政策规定（试行草案）》。规定分18条，对山林所有权、山林的经营管理和收益分配、木材的采伐和收购，以及群众造林等有关政策作出明确规定。

7月8日，国家经济委员会、林业部决定，国家经济委员会物资管理总局木材局的工作，由国家经济委员会物资管理总局和林业部共同领导。

7月9日，国家任命梁昌武为林业部副部长。

7月19日至8月8日，国家主席刘少奇视察大兴安岭和小兴安岭林区，作出一系列指示。主要内容为：充分利用森林资源，尽可能满足国家和社会各方面的需要；林区要节约木材，不烧大木头，要烧树枝，并利用小木头供应农村需要；采伐方式要服从于更新，要依靠人工更新，也要实行天然更新加人工补植；林场留点自留地，职工家属可组织合作社，发展集体经济。还谈到林区工资政策和木材价格、林业规章制度和林业局体制、组织林区群众进行森林经营、领导干部民主作风等问题。

8月8日，刘少奇同志在哈尔滨市召集东北、内蒙古林业工作会议领导小组成员和中共黑龙江省委书记处同志开会研究，提出，森林采伐要实行轮伐的方针；迹地更新要"两条腿"走路，实行天然更新和人工更新两种办法；还提出在林区每30平方公里范围内设一个营林村经营森林的设想。

9月1～20日，林业部在北京召开南方11省区林业厅（局）长会议。会议根据中共中央《农村人民公社六十条》《林业政策十八条》规定，总结几年来林业工作的经验教训，着重研究人民公社的林业生产问题。提出，必须迅速确定林权，调动社队和群众发展林业的积极性；在林区既保证粮食生产，又搞好林业生产和多种经营；普遍加强山林管理，积极恢复和扩大森林资源，依靠群众造林，并积极发展国营造林；木材生产实行社队经营和国家经营同时并举的方针；加快林区基本建设，保证木材生产稳定增长。

10月25日，国务院批转林业部、商业部《关于发展紫胶生产问题的报告》。

11月24日，中国政府与朝鲜政府决定将1956年1月14日签订的《关于在鸭绿江、图们江中运送木材的议定书》的有效期延长5年，并根据该议定书第十九条的规定，签订补充协定书。

12月18日，财政部、林业部决定，在东北、内蒙古国有林区的森林工业企业建立育林基金和更新改造资金，从每立方米原木成本中提取10元作为育林基金，供更新、造林、育林之用；另提取5元作为更新改造资金，用于伐区延伸、转移的线路和相应的工程设施建设等。

12月28日，林业部颁布《开展国有速生林造林规划设计提纲》。

1962 年

1月16日，林业部在广州市召开全国林业科技工作会议，讨论《林业科技十年规划》，贯彻《科研十四条》。

2月17日，国务院发出《关于开荒、挖矿、修筑水利和交通工程应注意水土保持的通知》，指出，"应当认真贯彻《农村人民公社工作条例（修正草案）》中的有关规定，严禁破坏森林和牧场，严禁乱垦乱牧。水土流失严重地区的水土保持林、农田防护林、固沙林、大水库周围和大江河及其主要支流两岸规定范围以内的森林，山区和水土流失地区铁路两侧的森林，一般规定为禁垦区，并应造林护岸和防沙。"

2月18～26日，林业部在哈尔滨市召开东北、内蒙古地区护林防火工作会议。

3月19日，财政部、林业部颁发《国有林区采伐企业更新改造资金管理试行办法》，规定每立方米原木成本提取5元作更新改造资金，专款专用。

3月28日，财政部、林业部颁发《国有林区育林基金使用管理暂行办法》，规定每立方米原木暂征育林基金10元，专款专用。

4月1日，国务院批转林业部《关于加强护林防火工作的报告》。

4月13日，林业部颁布《东北内蒙古林区国营森林更新工作试行条例》。

4月15日，国务院发布《关于节约木材的指示》。

5月11日，林业部颁发《国营林场经营管理狩猎事业的几项规定》。

6月7日，中共中央发布《关于南方五省区林业问题的批示》，并转发中共中央办公厅南方五省区调查组《关于福建等五省区的林业情况和八项建议的报告》。

6月11日，林业部决定在次生林区建立重点林业局（场），并对其方针任务、领导关系、计划财务、物资供应等有关问题作出规定。

6月16日至7月5日，林业部在北京召开华东、中南、西南三大区所属各省（自治区、直辖市）

林业工作会议，讨论南方各省区森林遭到严重破坏的问题，提出制止破坏、扭转局面、发展林业的具体措施，并决定各省（自治区、直辖市）林业厅（局）建立国营林场管理机构，直接管理大型林场。

6月23日，周恩来同志在中共延边朝鲜族自治州州委常委会议上提出搞社会主义要保护森林，"咱们都是读过书的，要讲保护森林，不能破坏森林。破坏了森林后代要骂我们的，那还搞什么社会主义"。

7月16～28日，林业部在北京召开华北、西北、东北三大区所属各省（自治区、直辖市）林业工作会议，研究林业工作的任务等。

8月17日，中共中央转发中央办公厅整理的森林破坏材料，要求各地采取有效措施，制止森林破坏，争取3年或5年改变这种不利的局面。材料指出，部分地区农林牧矛盾比较尖锐，农挤牧，牧挤林，或者农直接破坏林，急需统一安排农、林、牧的生产和基建工作；有些地方林业人员精简太多，工作无法进行，营林和更新问题很大；造林经费层层下拨，许多地方随便挪用，使造林工作遇到很大困难；防护林遭到相当严重的破坏，必须积极保护和继续营造。

8月22日，国务院农林办公室发出通知，要求各地迅速采取有效措施，严格禁止毁林开荒、陡坡开荒。

9月13日，中共中央、国务院批转国家经济委员会、国家计划委员会《关于充分利用木材资源，大力开展木材的节约代用工作的报告》。

9月14日，国务院发出《关于积极保护和合理利用野生动物资源的指示》。

10月18日，国务院颁发《1963年对集体所有制木材生产的收购指标和奖售问题的决定》。

10月31日，国家计划委员会转发林业部、轻工业部《关于在河南、福建、四川、吉林四省建立造纸木材、竹材基地问题的报告》。

11月2日，周恩来同志指示："林业的经营要合理采伐，采育结合，越采越多，越采越好，青山常在，永续利用。"

11月18日，中共中央、国务院发布《关于成立东北林业总局的决定》。东北林业总局直接领导森林工业生产，地、市、县林业仍由黑龙江省林业厅管理。

12月3～10日，林业部在河北省保定市召开全国木材加工工业会议。指出，"必须大力节约木材，合理加工，积极发展以人造板为中心的木材综合利用，努力提高木材利用率。"

1963年

1月4日，林业部召开全国森林工业基本建设会议。

1月13～15日，黑龙江省委受林业部委托，在哈尔滨市召开铁道兵参加林业建设工作会议，研究铁道兵到林区参加林业基本建设的具体问题。

1月16日，财政部、林业部、中国人民银行总行决定，垦复和抚育竹子、油茶、油桐所必需的生产资金，可以从长期农业贷款中适当解决。

2月7日至3月7日，中共中央、国务院在北京召开全国农业科学技术工作会议，其中，林业组扩大会议着重讨论《林业科技十年规划》以及20年林业建设设想和重大林业技术政策问题。

2月23日，国家任命杨天放为林业部副部长。

3月3日，中共中央批转中南局《关于发展造林事业的决定》和《对重点林区工作的几点意见》指示，"各地党委对于造林事业必须予以充分重视"，"在造林事业中，要着重抓好国营造林，并要积极地发动群众造林，使造林工作普遍开展起来。"

3月4～18日，林业部在武汉市召开全国林业调查规划工作会议。

3月15日，财政部、林业部颁发《关于社队造林补助费使用的暂行规定（草案）》。

3月16日，国务院批转林业部《关于加强东北内蒙古地区护林防火工作的报告》。

4月4日，林业部发布《森林工业基本建设工作条例（草案）》和《森林工业基本建设设计及概算编制暂行办法（草案）》。

4 月 15 日，林业部发出通知，要求各地积极发展木本油料作物。

5 月 27 日，国务院颁发《森林保护条例》，分为总则、护林组织、森林管理、预防和扑救火灾、防治病虫害、奖励和惩罚、附则等 7 章，共 43 条。

6 月 6 日，林业部颁发《松脂采集试行规程》和《栓皮采集试行规程》。

7 月 6 日，国家计划委员会、国家经济委员会、林业部发布《关于加强木材管理工作的规定》。

8 月 7 日，林业部颁发《栲胶分析方法》《橡椀栲胶》和《落叶松树皮栲胶》三项部颁标准。

8 月 12 日，林业部颁发《松香》《松节油》两项部颁标准。

8 月 27 日，经国务院农林办公室、财贸办公室批准，林业部、财政部、中国人民银行总行发布《关于竹子、油茶、油桐长期无息贷款使用的暂行规定（修正草案）》。

9 月 14 日，第一只人工圈养的大熊猫幼仔在北京动物园诞生。

9 月 18 日，林业部颁发《关于高等林业院校修订教学大纲和实习大纲的原则规定（修正草案）》。

10 月 23 日，国家任命荀昌五为林业部副部长。

11 月 5 日，林业部发出《关于扩大营林村试点的通知》。

11 月 21 日，周恩来同志接见阿富汗王国内务大臣阿布杜·卡尤姆时说："砍伐森林更易造成水土流失"。

12 月 10～30 日，林业部在北京召开全国国营林场工作会议。决定国营林场贯彻执行"以林为主，林副结合，综合经营，永续作业"的方针，逐步发展为采育造综合经营、永续作业的林业企业。

1964 年

1 月 1 日，湖南林学院与华南农学院林学系合并，成立中南林学院。1970 年 10 月改名广东农林学院，1975 年由广州迁湖南更名为湖南林学院，1978 年 8 月恢复中南林学院。

1 月 22 日，林业部发出《关于安排引种油橄榄的通知》，并公布《油橄榄栽培技术规程》。

1 月 27 日，中共中央、国务院批准成立大兴安岭特区，其主要任务是开发大兴安岭林区，由林业部直接领导，同时接受黑龙江省和内蒙古自治区领导。

2 月 5 日，财政部、林业部、中国农业银行发出《关于建立集体林育林基金的联合通知》，规定提取的育林基金只供社队集体更新、造林、育林、护林之用。

2 月 10 日，中共中央、国务院批转林业部、铁道部《关于开发大兴安岭林区的报告》，批准成立开发大兴安岭林区会战指挥部，由郭维城任指挥，张世军任副指挥，罗玉川任党委书记兼政委。

3 月 3 日，周恩来同志在昆明市海口林场亲手栽植从阿尔巴尼亚引种的油橄榄树。

3 月 30 日，毛泽东同志在听取陕西、河南、安徽三省负责人汇报工作时的谈话中提出要用愚公移山精神搞绿化，指出，"前几年你们说一两年绿化，一两年怎么能绿化了？用二百年绿化了，就是马克思主义。先做十年、十五年规划，'愚公移山'，这一代人死了，下一代人再搞。"

4 月 24 日，林业部、财政部颁发《林业资金使用管理的暂行规定》。

6 月 23 日，中共中央、国务院决定撤销伊春市，成立伊春特区，其林业企业工作以林业部领导为主，地方工作以黑龙江省领导为主。

6 月 29 日至 8 月 8 日，朱德、董必武等国家领导人赴河北、辽宁、吉林、黑龙江、内蒙古等省（自治区）视察工作，对林业工作作出指示。

8 月 2～15 日，林业部在哈尔滨市召开全国林业科技工作会议，国家科学技术委员会林业组扩大会议同时举行。

8 月 10 日，中共中央、国务院批转林业部党组关于成立大兴安岭特区政府问题的报告。罗玉川兼任大兴安岭特区区长。

8 月 20 日，林业部颁发《更新跟上采伐的标准》。

10 月 7 日，林业部决定在东北、内蒙古林区试验推广采育兼顾伐。

11 月 6 日，中国人民解放军总政治部、林业部发出《关于部队参加植树造林问题的通知》。

1965 年

2 月 12 日，交通部、林业部发出《关于加强公路绿化工作的联合通知》。

2 月 18 日至 3 月 1 日，林业部在北京召开北方 13 省（自治区、直辖市）林业厅（局）长座谈会。

3 月 29 日至 4 月 15 日，林业部在北京召开南方 11 省（自治区、直辖市）林业工作会议，要求：制定林业建设规划；统一管理山林和木竹生产；坚持不懈地抓好营林工作；合理采伐，合理利用，大力增产木材；全面加强林业基本建设；积极开展林业科学实验；加强组织领导，改进工作作风和工作方法。

4 月 16 日，国务院发出《关于加强东北林区防火灭火的紧急通知》。

4 月 17 日，国家任命张世军为林业部副部长。

7 月 15 日，林业部颁布《关于在国有林区建立营林村的决定》《关于国有林区建立营林村若干问题的暂行规定》和《关于营林村建村经费开支标准的具体规定》。

8 月 6 日，中共中央西北局颁发《关于建立黄河中游水土保持建设兵团的决定》，明确黄河中游水土保持建设兵团（后改称中国人民解放军西北林业建设兵团）业务归口林业部领导，其经营方针为"以林业为主，农、林、牧、副综合发展"，主要任务是：在水土流失严重、人烟稀少的地区造林种草，结合建设一些必要的水土保持工程，控制水土流失，并帮助和指导周围人民公社做好水土保持工作。

8 月 31 日，中共中央、国务院发布《关于解决农村烧柴问题的指示》。

9 月 23 日，国务院批准成立开发金沙江林区会战指挥部，梁昌武任指挥。

10 月 12 日，刘少奇同志在听取黑龙江省委负责同志汇报时提出要依靠群众护林造林育林，指出："在不妨碍国家利益的条件下，要照顾群众的利益，这样反过来群众也会照顾国家的利益。必须实行两利政策，利于群众，利于集体和国家。""有群众的地方，要依靠群众护林、造林、育林，但是要解决关系问题，解决林权问题。分散的、小片的次生林，要分给公社或生产队；大片的次生林，可以不分，但是要允许群众做几件事，解决群众的需要。"

12 月 15 日，全国供销合作总社党组、林业部党组向中共中央、国务院提出《关于迅速恢复发展毛竹生产的报告》。

1966 年

2 月 1～22 日，林业部在北京召开全国林业工作会议，研究讨论第三个五年计划期间林业建设的方针任务等问题。

2 月 23 日，周恩来同志接见出席全国林业工作会议的林业部、各省区林业厅局和西北林业建设兵团的负责同志，对全国林业工作和西北林业建设兵团的工作作重要指示，指出，"林业部要面向全国，主要任务还是植林。植林是百年大计，要好好搞。植林要两条腿走路，要依靠 6 亿农民。路旁、四边植树也是个大工作。""黄土高原这个地方是我们祖宗的摇篮地，是民族文化发源地，但是这个地方的森林被破坏了。我们不仅要恢复森林面貌，而且要发展得更好。"

4 月 8 日，中央军委批准惠中权兼任中国人民解放军西北林业建设兵团司令员，李登瀛任政治委员。

1967 年

9 月 2 日，国务院决定将牡丹江、伊春、哈尔滨、完达山 4 个林业管理局下放给黑龙江省领导。

9 月 23 日，中共中央、国务院、中央军委、中央文革小组发出《关于加强山林保护管理，制止破坏山林树木的通知》，要求认真执行国务院发布的《森林保护条例》，积极做好护林宣传教育工作，加强山林管理，同一切破坏森林的行为作斗争。

10 月 6 日，中共中央、国务院、中央文革小组发布《关于对林业部实行军事管制的决定（试行草案）》，任命王云为林业部军管会主任，李光勋为林业部军管会副主任。

1968 年

2 月 21 日，国务院、中央军委发出《关于护林防火工作的通知》。

4 月 10 日，林业部军管会决定将东北林业总局下放给黑龙江省领导。

9 月 16 日，林业部军管会向中共中央、国务院、中央军委等提出《关于解决西北林业建设兵团建制等问题的意见》，建议撤销兵团部机关，兵团所属各师、独立团划归所在省、自治区建制，生产由省、自治区统一安排。

10 月 16 日，经国务院批准，林业部军管会决定，将东北航空护林局、万山实验林场、东北地区森林植物检疫站、东北森林防火研究所、东北林业勘察设计院、林产工业研究所、采运研究所、森林调查十一大队、牡丹江林校下放黑龙江省领导；将东北航空护林局设在内蒙古自治区和黑龙江省、吉林省的航空护林站亦分别下放内蒙古自治区和黑龙江省、吉林省领导；加格达奇航空护林站归大兴安岭特区领导。

12 月 24 日，林业部军管会决定：将河北省塞罕坝机械林场、雾灵山实验林场，内蒙古自治区白狼实验林场，山西省孝文山实验林场，吉林省马鞍山实验林场，安徽省老嘉山机械林场，河南省开封机械林场，甘肃省张掖机械林场、连城实验林场和小陇山实验林业局下放给所在省、自治区领导。

1969 年

1 月 9 日，林业部军管会发布通知，将林业部直属的吉林林业管理局（包括所属企、事业单位）及森林调查第二大队、白城子林业机械学校下放吉林省领导，将内蒙古林业管理局（包括所属企、事业单位）下放内蒙古自治区领导。

1 月 21 日，林业部军管会函告四川、云南、甘肃省革命委员会，将金沙江、白龙江两个地区的林业企事业单位分别下放各有关省领导。

3 月 4 日，林业部军管会发出通知，决定将西北、中南、华东 3 个林业设计院和第五、第九森林调查大队下放有关省管理。

10 月 10～22 日，林业部、商业部在河南省鄢陵县召开全国农村植树造林、增柴节煤现场经验交流会。

1970 年

2 月 16 日，铁道部、交通部、林业部军管会发出《关于加速铁路、公路绿化的通知》，对铁路、公路绿化造林的地权、树权以及收益分配问题作出原则规定。

5 月 1 日，农业部、林业部、水产部合并，成立农林部。

5 月 15 日，国务院发出《关于加强护林防火工作的通知》。

8 月 23 日，农业科学研究院、林业科学研究院合并，成立中国农林科学研究院。林业研究所下放河北省，木材工业研究所下放江西省，林业经济研究所撤销，林产化学工业研究所下放广东、广西、黑龙江等省（自治区），亚热带林业研究站下放浙江省，紫胶研究所下放广东、广西、云南等省（自治区），情报研究所大部分人员下放。

1971 年

3 月 25 日，国务院、中央军委发出《关于加强护林防火工作的通知》，要求与森林毗连的省、地、县之间加强联防工作，坚持联防制度；切实加强对护林防火工作的领导，建立和健全各级护林防火组织，确定专人负责。

7月15日，周恩来同志在同美国友人韩丁、卡玛丽达·欣顿夫人等谈话时指出，要养成种树的习惯。

8月12日至9月19日，国务院在北京召开全国林业工作会议，讨论研究发展林业的方针、政策、规划和1972年计划。

11月29日，国务院批转商业部、对外贸易部、农林部《关于发展狩猎生产的报告》。

1972 年

1月15～24日，农林部、商业部、对外贸易部在广州市召开全国松香紫胶生产座谈会。

6月9～18日，农林部在福建省邵武县召开人造板生产座谈会，讨论研究人造板生产发展规划，决定加强企业管理，挖掘现有设备潜力，加强人造板设备制造和维修，加强科研设计。

10月4～18日，第七届世界林业大会在阿根廷首都布宜诺斯艾利斯召开。大会的主题是"当今世界林业的中心问题"。农林部副部长梁昌武率中国林业代表团出席了会议。

11月28日至12月13日，农林部在北京召开全国护林防火工作会议。

1973 年

8月10～23日，农林部在山西省运城地区召开全国造林工作会议，讨论进一步加快绿化步伐、提高造林质量等问题。

10月10日，农林部颁发《森林采伐更新规程》。

11月5～14日，农林部、轻工业部、交通部、商业部、国家计划委员会物资总局在黑龙江省牡丹江市召开枝丫、木片和小木制品生产供应会议。

12月10～20日，农林部在湖北省咸宁地区召开全国林业调查工作会议。

1974 年

11月10～16日，农林部在杭州市召开防治松毛虫经验座谈会。

11月28日至12月5日，农林部在广西召开南方地区国营林场经验交流会议。

1975 年

6月20～27日，农林部在湖南省耒阳县召开15省（自治区）油茶生产经验现场交流会。

8月10～27日，农林部、公安部在哈尔滨市召开全国森林防火现场会议。

9月10日，中国政府将一对大熊猫"贝贝"和"迎迎"作为友谊使者赠送给墨西哥，落户在查普特佩克动物园。

10月13～20日，国家计划委员会、煤炭部、农林部在辽宁省抚顺地区、阜新地区召开工矿企业造林现场会议。

12月10日，农林部发出《关于保护、发展和合理利用珍贵树种的通知》。

1976 年

1月3～9日，农林部在北京召开营林工作座谈会。

8月21日，农林部发出《关于福建省部分地区发生大规模破坏森林事件的调查报告》。

11月25日至12月7日，农林部在湖南省株洲市召开南方14省（自治区）用材林和油料林基地造林现场会议。

1977 年

5月12～30日，农林部在北京召开全国林业、水产会议，研究发展林业、水产的方针任务，讨论规划，制订措施。

5月22~29日，农林部、商业部、对外贸易部在广西玉林地区召开全国松香生产会议。

6月2日，农林部、公安部和最高人民法院组成联合工作组，调查福建省破坏山林案件处理情况。

8月2日，农林部发出《关于福建省处理破坏山林案件情况的通报》。

9月16~23日，农林部在河南省许昌、商丘地区召开华北中原地区平原绿化现场会议。

1978 年

3月5日，第五届全国人民代表大会第一次会议通过《中华人民共和国宪法》。其中，第六条规定，"矿藏，水流，国有的森林、荒地和其他海陆资源，都属于全民所有。"

4月10~28日，国家计划委员会、农林部、商业部、对外贸易部和供销合作总社在北京召开全国油桐会议。

4月24日，国务院批准成立国家林业总局。

7月1日，国务院转发方毅同志《关于保护和开发利用西双版纳自然资源的报告》。

8月11日，国家林业总局颁发《南方木材水运管理办法》。

8月12日，国家林业总局颁发《木材检疫条例》《贮木场管理办法》和《造林技术规程》。

9月，中国政府向西班牙赠送一对大熊猫"绍绍"和"强强"。

9月23日至10月12日，国家林业总局在北京昌平县召开全国林业局长会议，讨论《森林法（草案）》和林业发展规划，研究加快发展林业的措施。

10月16~28日，第八届世界林业大会在印度尼西亚首都雅加达召开。大会的主题是"森林为人民"。国家林业总局副局长汪滨率中国林业代表团出席了会议。

11月15~23日，国家林业总局在福建省召开全国林木种子工作会议。

11月25日，国务院批转国家林业总局《关于在"三北"（东北、华北、西北）风沙危害、水土流失的重点地区建设大型防护林的规划》。

12月15日，国务院批转国家林业总局《关于加强大熊猫保护、驯养工作的报告》，提出在四川省马边与美姑县交界的大风顶、青川县的唐家河、南坪县的九寨沟和陕西省秦岭佛坪与洋县交界的岳坝再划建4个自然保护区，在四川省的卧龙、甘肃省的白水江和陕西省拟划的岳坝3个自然保护区建立大熊猫驯养繁殖中心。

12月23日，国家林业总局发布《林木种子经营管理试行办法》和《林木种子发展规划》。

12月25~31日，国家林业总局在河南省信阳市召开南方用材林基地建设座谈会，明确把宜林荒山面积大的山区、半山区作为建设商品用材林基地的重点，丘陵区一般以发展木本油料为主，同时积极营造用材林。

1979 年

1月15日，国务院发布《关于保护森林制止乱砍滥伐的布告》。

2月6日，国家林业总局、国家建设委员会、铁道部、交通部、水利电力部发出《关于大力开展植树造林绿化祖国的联合通知》。

2月16日，中共中央、国务院决定撤销农林部，成立农业部、林业部。任命罗玉川为林业部部长，雍文涛为副部长。

2月23日，第五届全国人民代表大会常务委员会第六次会议原则通过《中华人民共和国森林法（试行）》。同时，根据国务院的提议，决定3月12日为全国的植树节。

3月2~5日，共青团中央、林业部在延安召开全国青年造林大会，中共中央、国务院致贺电。大会向全国青少年倡议争当"绿化祖国的突击手"。

4月4日，林业部、中国民用航空总局颁发《飞机播种造林技术规程（试行）》。

4 月 17 日，胡耀邦同志写信给河北易县县委，指出易县荒山荒坡很多，要造林。"造用材林，造核桃、柿子、栗子、枣子等干果林。社造、队造、户造一齐上。搞种子播，搞营养钵插，搞苗圃。扎扎实实干。"

5 月 3 日，国家任命杨珏、马玉槐、梁昌武、唐子奇、荀昌五、杨天放、张世军、郝玉山、杨延森、汪滨、刘琨为林业部副部长。

6 月 8 日，国家任命张磐石为林业部副部长。

6 月 19 日，林业部发布《森林工业企业经济核算条例（试行）》和《关于严肃财经纪律的规定（试行）》。

7 月 3 日，国务院批复同意福建省革命委员会《关于将武夷山自然保护区列为国家重点自然保护区的报告》。

7 月 24 日至 8 月 5 日，林业部在北京召开全国中等林业教育和干部培训工作会议。

8 月 29 日，林业部发布《杨树苗木检疫暂行规定》《林业安全生产工作管理办法（试行）》和《林业安全生产责任制的暂行规定》。

10 月 6 日，林业部、中国科学院、国家科学技术委员会、国家农业委员会、环境保护领导小组、农业部、国家水产总局、地质部发出《关于加强自然保护区管理、区划和科学考察工作的通知》。

11 月 3 日，国务院批准成立三北防护林建设领导小组。

1980 年

3 月 5 日，中共中央、国务院发出《关于大力开展植树造林的指示》。

3 月 5～31 日，林业部召开国有林区林业工作座谈会，讨论国有林区的调整和林业长远发展规划。

3 月 12 日，中国人民邮政发行《植树造林，绿化祖国》特种邮票一套 4 枚，志号为 T48。这是我国发行的一套以造林绿化为主题的专题邮票。

3 月 16 日，赵紫阳同志在中共四川省委扩大会议上讲话时指出，"农业的经济结构，从根本上说是农、林、牧结合的问题。要使农业有个好的自然环境，保持生态平衡，林业有决定意义。""如果我们拿搞水利的劲头和投资来搞林业，林业上去并不难。在十年以后就会成林，对自然环境就会发生影响。所以，在整个农业上，一定要把林业摆到重要的位置。""一定要改变采伐过量的状况，制止乱砍滥伐。""要把国营林场的造林、护林、抚育、采伐、加工、运输等全部林业生产同群众结合，依靠当地群众，从事林区的各项生产活动。"

4 月 24 日至 5 月 4 日，林业部在北京召开全国林业调查规划工作会议。

5 月 18 日，国务院批准林业部、外交部、中国科学院等《关于同日本签订候鸟保护协定的请示》。

6 月 25 日，经国务院批准，我国加入濒危野生动植物种国际贸易公约。同时，在林业部设立中国濒危动植物种进出口办公室，负责全国濒危物种进出口管理工作。

8 月 30 日，国家任命雍文涛为林业部部长，罗玉川改任林业部顾问。

10 月 7 日，中国林业部和芬兰农林部签订《关于进一步发展双方林业科技交流和合作的备忘录》。

12 月 1 日，林业部、公安部、司法部、最高人民检察院发出《关于在重点林区建立和健全林业公安、检察、法院机构的通知》，要求在全国重点国有林区的国营林业局、木材水运局建立林业公安局、林区检察院和森林法院（后改为林业法院）。

12 月 5 日，国务院发出《关于坚决制止乱砍滥伐森林的紧急通知》。

1981 年

2 月 9 日，国务院发出《关于加强护林防火工作的通知》。

2 月 16 日至 3 月 7 日，国务院在北京召开全国林业会议，讨论林业调整问题。

3 月 3 日，中国政府和日本政府在北京签订《保护候鸟及其栖息环境协定》。双方协定共同保护来回迁飞于两国之间的 227 种候鸟。

3 月 5～12 日，林业部在杭州市召开全国松香会议。

3 月 8 日，中共中央、国务院颁发《关于保护森林发展林业若干问题的决定》，明确保护森林发展林业的方针政策和林业调整与林业发展的战略任务。

3 月 10 日，林业部、国家城市建设总局发出《关于开展爱护树木、花草文明教育活动的通知》。

3 月 14 日，林业部、财政部颁发《国营苗圃经营管理试行办法》。

5 月 13 日，林业部发布《林木选择育种技术要领》。

6 月 5～11 日，林业部在北京召开 8 省（直辖市）林业"三定"工作座谈会，研究林业"三定"（稳定山权林权、划定自留山、确定林业生产责任制）有关政策问题。

7 月 21 日，国务院办公厅转发林业部《关于稳定山权林权落实林业生产责任制情况简报》，要求各地尽快作出部署，组织力量完成林业"三定"工作。

9 月 22～26 日，林业部在北京召开林业职工教育工作会议。

9 月 25 日，国务院批转林业部等 8 个部门《关于加强鸟类保护执行中日候鸟保护协定的请示》。

10 月 14 日，轻工业部、财政部、林业部颁发《关于造纸厂建立纸浆林基地和提取育林费的试行办法》。

10 月 26～31 日，林业部在北京召开 13 省（自治区）林业"三定"工作座谈会，研究进一步搞好林业"三定"问题。

11 月 26 日，林业部、财政部发出通知，规定从 1982 年 1 月 1 日起，国有林区和集体林区育林基金和更改资金的提取标准，在现行提取标准的基础上每立方米原木增加 5 元。

12 月 13 日，第五届全国人民代表大会第四次会议通过《关于开展全民义务植树运动的决议》，并责成国务院根据该决议精神制定《关于开展全民义务植树运动的实施办法》公布施行。

12 月 28 日至 1982 年 1 月 2 日，林业部在北京召开全国林业厅（局）长会议，传达中央关于开展全民义务植树运动的指示精神，就如何贯彻第五届人大四次会议通过的《关于开展全民义务植树运动的决议》进行深入讨论，研究代国务院草拟《关于开展全民义务植树运动的实施办法》（草案）事宜，部署全民义务植树工作。

1982 年

2 月 2 日，中央军委主席邓小平指示，空军要参加支持农业、林业建设的专业飞行任务，要搞 20 年，为加速农牧业建设、绿化祖国山河作贡献。

2 月 12 日，国务院、中央军委发出《关于军队参加营区外义务植树的指示》。

2 月 23 日，林业部、文化部、中国科学技术协会、共青团中央发出《关于配合全民义务植树运动，广泛开展有关科普宣传活动的联合通知》。

2 月 27 日，国务院颁发《关于开展全民义务植树运动的实施办法》。

同日，中央绿化委员会成立。中共中央书记处书记、国务院副总理万里兼任主任委员（1988 年，中央绿化委员会更名为全国绿化委员会）。

3 月 1 日，《人民日报》发表题为《人人都要履行植树造林光荣义务》的社论。

3 月 11 日，中共中央办公厅发出通知，号召各地开展"文明礼貌月"和"植树节"活动。

3 月 29 日，最高人民法院、最高人民检察院、公安部、林业部、国家工商行政管理总局发出《关于查处森林案件的管辖问题的联合通知》。

3 月 31 日至 4 月 9 日，林业部在成都市召开全国林产工业技术改造会议。

4 月 9 日，国家任命杨钟为林业部部长，兼中央绿化委员会副主任委员；刘琨、王殿文、董智勇为副部长；雍文涛为顾问，兼中央绿化委员会副主任委员；马玉槐、张世军为顾问。

4 月 25～30 日，林业部在江苏省常州市召开全国林业标准化工作会议。

5月28日，林业部、教育部发出《关于东北、吉林、内蒙古林学院试行面向林区招生的通知》，要求东北、吉林、内蒙古林学院在大兴安岭、伊春、通化、延边和牙克石林区试行招收林业职工及其子女生源。

6月4日，国务院颁发《中华人民共和国进出口动植物检疫条例》。

6月26日至7月6日，林业部在北京召开全国林业"三定"工作会议，研究完成林业"三定"任务的措施和有关政策问题。

7月22日~29日，林业部在北京召开全国森林资源清查和管理工作会议。

7月30日，林业部发出《关于国营林场、苗圃进行全面整顿的通知》。

8月26日，林业部发出《关于全国林木种子生产基地建设规划的通知》。

8月26~9月2日，煤炭工业部、林业部在黑龙江省鸡西矿务局召开全国重点煤矿营造坑木林会议。

8月31日至9月9日，林业部在北京召开全国飞机播种造林会议，讨论、修改《飞机播种造林技术规程（试行）》，落实飞机播种造林任务。

9月12日，中国共产党第十二次全国代表大会选举林业部黄枢为中央委员会候补委员，罗玉川、雍文涛为中央顾问委员会委员，杨珏为中央纪律检查委员会委员。

10月18~25日，林业部在北京召开全国林业企业整顿工作会议。

10月20日，中共中央、国务院发出《关于制止乱砍滥伐森林的紧急指示》，要求各地党委、县委和县人民政府采取果断措施，限期制止乱砍滥伐森林的事件。

12月1日，林业部颁发《中华人民共和国林业科学技术研究成果管理办法》。

12月4日，第五届全国人民代表大会第五次会议通过《中华人民共和国宪法》。其中，第九条规定，"矿藏、水流、森林、山岭、草原、荒地、滩涂等自然资源，都属于国家所有，即全民所有；由法律规定属于集体所有的森林和山岭、草原、荒地、滩涂除外。""国家保障自然资源的合理利用，保护珍贵的动物和植物。禁止任何组织或者个人用任何手段侵占或者破坏自然资源。"

12月26日，邓小平同志在全民义务植树运动情况的汇报材料上作重要批示，"这个报告令人高兴。这件事，要坚持二十年，一年比一年好，一年比一年扎实。为了保证实效，应有切实可行的检查和奖惩制度。"

12月30日，国务院、中央军委颁发《军队营区植树造林与林木管理办法》。

1983 年

1月3日，国务院颁布《植物检疫条例》。1992年5月13日根据《国务院关于修改〈植物检疫条例〉的决定》修订公布。《植物检疫条例》规定国务院农业、林业主管部门主管全国的植物检疫工作。

1月5日，中央绿化委员会在北京召开全民义务植树工作会议。胡耀邦、邓小平同志在开会前作重要批示。万里同志出席会议并讲话。

1月7~15日，国家计划委员会、国家经济委员会、林业部、国家物资局、中国包装总公司在北京召开全国木材节约代用会议。

3月9日，中央绿化委员会、共青团中央发布《关于在全国青少年中开展义务植树竞赛的决定》。

3月28日，北京林业管理干部学院在北京成立。

4月13日，国务院发出《关于严格保护珍贵稀有野生动物的通知》。

6月21日至7月1日，林业部在北京召开全国林业厅（局）长会议，着重研究建立和完善林业生产责任制问题。

7月28日，林业部印发《关于建立和完善林业生产责任制的意见》。

8月10~18日，林业部在乌鲁木齐市召开全国林业系统自然保护区工作会议。

8月12日，共青团中央、林业部、农牧渔业部、教育部发出通知，决定在全国青少年中开展采集草种、支持甘肃改变自然面貌的活动。

8月17日，林业部、中国农业银行发出《关于发放林业贷款、促进林业发展的联合通知》。

9月21～24日，林业部在北京召开绿化大西北座谈会。

10月5日，国家任命刘广运为林业部副部长。

12月23日，经国务院批准，中国野生动物保护协会在北京成立，选举中共中央书记处书记胡乔木为名誉会长，林业部部长杨钟为会长。

1984 年

1月13日，国务院常务会议审议通过《中华人民共和国森林法（修改草案）》。

2月25日，共青团中央、林业部、水利电力部发出通知，组织宁夏、内蒙古、陕西、山西、河南、山东6省（自治区）青少年营造黄河防护林，计划7年内绿化黄河两岸。

3月1日，中共中央、国务院发出《关于深入扎实地开展绿化祖国运动的指示》。

3月16日，胡耀邦同志在视察河北省唐县时，同群众一起在城北峪山西麓庙尔沟南坡直播油松、臭松、刺槐等混交林。

7月4日，受国务院委托，林业部部长杨钟向第六届全国人民代表大会常务委员会第六次会议作关于《中华人民共和国森林法（修改草案）》的说明。

8月25日至9月1日，林业部在山东省烟台市召开全国林业厅（局）长会议，研究国营林场、社队林场改革，巩固发展林业专业户、林业经济联合体等问题。

9月20日，第六届全国人民代表大会常务委员会第七次会议通过《中华人民共和国森林法》，自1985年1月1日起施行。

9月29日，中共中央、国务院发出《关于帮助贫困地区尽快改变面貌的通知》，指出集体的宜林近山、肥山和疏林地可划作自留山，由社员长期经营，种植的林木归个人所有，允许继承，产品自主处理，可以折价有偿转让，允许卖活立木。

10月13日，林业部发出《关于改革部属林学院管理体制的几点意见（试行稿）》，扩大学校自主权。

10月26～31日，林业部在北京召开全国林业厅（局）长座谈会，讨论《森林法实施办法》（草稿）等问题。

1985 年

1月1日，《中华人民共和国森林法》开始施行。同日，中共中央、国务院颁发《关于进一步活跃农村经济的十项政策》，决定进一步放宽山区、林区政策。规定：山区25°以上的坡耕地要有计划、有步骤地退耕还林还牧；集体林区取消木材统销，开放木材市场，允许林农和集体的木材自由上市，实行议购议销；国营林场也可以实行职工家庭承包或与附近农民联营。

1月19日，国务院批准成立中国绿化基金会。

3月12日，胡耀邦、邓小平等中央领导同志到北京天坛公园参加植树活动。

4月18～24日，林业部在北京召开南方11省（自治区）林业厅（局）长会议，讨论研究南方集体林区木材开放以后的情况和问题。

5月13日，最高人民检察院、最高人民法院、公安部发出《关于盗伐滥伐森林案件改由公安机关管辖的通知》。

6月8日，林业部颁发《制定年森林采伐限额暂行规定》。

6月21日，国务院批准《森林和野生动植物类型自然保护区管理办法》，同年7月6日由林业部公布施行。

6月25日，国务院同意恢复林业部西南航空护林站，站址设在云南省昆明市。

7月1~10日，第九届世界林业大会在墨西哥首都墨西哥城召开。大会的主题是"森林资源在社会综合发展中的作用"。105个国家和地区的209名代表出席了会议。林业部副部长董智勇率中国林业代表团出席会议。

7月6日，经国务院批准，林业部公布《森林和野生动植物类型自然保护区管理办法》。

8月6日，林业部批准北京林学院、东北林学院和南京林学院改为北京林业大学、东北林业大学和南京林业大学。

9月20日，国有林区企业管理座谈会在西安举行。

1986 年

1月24日，经国务院批准，林业部加入联合国粮农组织亚洲太平洋区域林业委员会。

1月26日，林业部、国家计划委员会、财政部、国家物价局印发《关于搞活和改善国营林场经营问题的通知》。

2月27日，胡耀邦同志在中央机关赴滇、黔、桂3省（自治区）考察组汇报会上对国营林场的改革问题作出指示，"森林、矿山、草原的所有权还是国家的，许多国营林场还要办，但要按照具体情况，一些地方要把所有权与经营权适当区别开来。凡属不宜国家经营开发的，应当允许农民因地制宜，采取多种形式承包经营、开发。"

4月2日，国务院任命徐有芳为林业部副部长。

5月10日，经国务院批准，林业部发布《中华人民共和国森林法实施细则》。

6月17日，林业部党组决定组建"中国林业报社"，筹办《中国林业报》。1987年7月1日，《中国林业报》在北京创刊。

6月25日，第六届全国人民代表大会常务委员会第十六次会议通过《中华人民共和国土地管理法》，其中，包括对林地管理的规定。

8月1日，林业部在北京召开全国林业厅（局）长会议，着重讨论修改《2000年全国林业发展纲要》和《林业技术政策要点》等问题。

9月15日，林业部印发《关于加强对国有林场的管理和维护其合法权益的决定》。

10月6日，国务院办公厅转发《关于研究解决国有林区森林工业问题的会议纪要》，决定对国有林区森工企业给予一定的扶持和优惠政策。

1987 年

1月15日，林业部、经贸部、国家计委、国家经委、国家工商行政管理局发出《关于加强松香管理的联合通知》，将松香的产、供、销统一交由林业部门经营管理。

2月9日，万里副总理在约见雍文涛、杨钟、叶如棠、马玉槐、汪滨等同志商谈即将召开的中央绿化委员会第六次全体会议的准备工作时指出，沿海防护林很重要，要用建设"三北"防护林的办法，营造起沿海绿色万里长城。这要当为一件大事去抓。

2月12日，万里副总理主持召开中央绿化委员会第六次全体会议并作重要讲话。会议表彰奖励了全国绿化先进单位435个，全国绿化劳动模范176名。

2月14日，《中国林业报》试刊。

4月15日，国务院批准各省（自治区、直辖市）1987年至1990年森林采伐限额。

4月18日，国务院副总理田纪云指示，"南方林区破坏严重，有愈演愈烈的趋势。要从政策上研究一下，正确的要坚持，有问题的就要调整。"

4月20日，国务院副总理田纪云同志就南方林业政策问题致信赵紫阳、万里同志，"从最近两年的情况看，南方林区盗伐滥伐的问题十分严重，而且愈演愈烈，有增无减，许多可贵的林海被盗为荒山秃岭。这种情况，实在令人痛心。所以发生这种情况原因是多方面的，但我认为对南方集体林区采取完全放开的政策，而又没有有效的控制措施，这是否符合我国现实的国情，是很值得研究的。我担心这样发展下去，会造成极为严重而无法挽回的后果。因此，我建议责成林业部立即组织力量，深入南方林区进行认真调查研究，从国家和群众当前和长远的根本利益出发，提出切实可行的政策措施，尽快制止目前这种破坏行径。同时，在研究解决这个问题的时候，不要受现行文件规定的束缚，一切从实际出发。以上意见妥否，请阅示定夺。"万里同志 4 月 24 日批示，"同意。为时已晚，速补救。"赵紫阳同志 4 月 24 日批示，"同意。"

4 月 20 日，内蒙古大兴安岭林区库都尔林业局施业区，因草原火引起一场特大森林火灾，火烧面积达 150 万亩，其中，有林地 60 万亩，52 名林业工人遇难，直接经济损失 200 万元以上。

5 月 5～11 日，林业部在北京召开南方 9 省（自治区）林业厅（局）长和部分地县负责人座谈会，分析南方集体林区的林业形势和存在问题，重点围绕南方集体林区乱砍滥伐严重、资源消耗失控等问题研究对策。

5 月 6 日至 6 月 2 日，黑龙江省大兴安岭林区发生特大森林火灾。5 月 12 日，国务院副总理李鹏前往火灾区慰问受灾群众，指挥扑火救灾工作。5 月 25 日，国务院向参加大兴安岭扑火救灾的全体人员发慰问电。5 月 26 日，国家主席李先念致电慰问大兴安岭扑火救灾的全体同志。

大兴安岭林区特大森林火灾，是中华人民共和国成立以来毁林面积最大、伤亡人员最多、损失最为惨重的一次。据统计，直接损失为：过火有林地和疏林地面积 114 万公顷，其中，受害面积 87 万公顷。烧毁储木场存材 85 万立方米；各种设备 2488 台，其中，汽车、拖拉机等大型设备 617 台；桥涵 67 座，总长 1 340 米；铁路专用线 9.2 公里；通信线路 483 公里；输变电线路 284 公里；粮食 325 万千克；房屋 61.4 万平方米，其中，民房 40 万平方米。受灾群众 10 807 户，56 092 人。死亡 193 人，受伤 226 人。参加这次扑火的军民共 58 800 多人，其中，解放军 34 000 多人。

5 月 12 日，林业部扑火领导小组救灾办公室开始收集全国各地向大兴安岭灾区人民捐献的资金、物资，并立即送往灾区。到 9 月 15 日，共收集捐献的人民币 241.3 万元，粮票面值 16.42 万千克，救灾物品 36.5 万件。

6 月 23 日，第六届全国人民代表大会常务委员会第二十一次会议通过《全国人民代表大会常务委员会关于大兴安岭特大森林火灾事故的决议》，会议决定撤销杨钟同志的林业部部长职务，任命高德占同志为林业部部长。

6 月 30 日，中共中央、国务院发布《关于加强南方集体林区森林资源管理坚决制止乱砍滥伐的指示》。

7 月 1 日，《中国林业报》正式创刊。

7 月 12～18 日，林业部在京召开南方 11 省（区）林业厅（局）长紧急会议。与会代表就如何贯彻中共中央、国务院《关于加强南方集体林区森林资源管理坚决制止乱砍滥伐的指示》，进行了认真研究。

7 月 18 日，经国务院、中央军委批准，中央森林防火总指挥部成立。田纪云副总理任总指挥。

8 月 15 日，国务院发出《关于坚决制止乱捕滥猎和倒卖走私珍稀野生动物的紧急通知》。

8 月 19 日，国务院决定，将原由林业部负责大兴安岭林业管理局的企业管理职权委托给黑龙江省代管，成立大兴安岭林业公司，实行政企分开、计划单列和投入产出包干。

8 月 25 日，国务院批准《森林采伐更新管理办法》，9 月 10 日由林业部发布施行。

9 月 5 日，最高人民法院、最高人民检察院发出《关于办理盗伐、滥伐林木案件应用法律的几个问题的解释》。

9 月 10 日，经国务院批准，林业部公布《森林采伐更新管理办法》。

10 月 9 日，国务院批转林业部《关于加强森林防火工作的报告》，要求各级人民政府和各有关部门把森林防火工作摆到非常重要的位置上，切实加强领导，实行省长、市长、县长、乡长负责制。

10 月 25 日至 11 月 1 日，高德占、刘于鹤、黄枢同志出席中国共产党第十三次全国代表大会，高德占同志当选为中共十三届中央委员会候补委员。

12月19~25日，林业部在北京召开全国林业厅（局）长会议，研究深化林业改革问题。

12月25日，中国林学会成立七十周年纪念大会在京举行。国务委员方毅、中国科协名誉主席周培源等领导同志和林业部高德占、罗玉川、雍文涛等同志出席了大会。大会为取得林业重大科技成果的3个项目颁发了首届"梁希奖"，为长期在边远地区和基层工作的同志颁发了"劲松奖"。

1988 年

1月13日，国务院、中央军委批准森林警察部队列入中国人民武装警察部队序列，全部实行现役制，实行林业部门和公安部门双重领导，以林业部门为主。部队执行森林防火、灭火任务受各级人民政府森林防火指挥部统一指挥。部队担负森林防火、灭火，全面保护森林资源，维护社会治安，参加林区经济建设等任务。

1月16日，国务院公布《森林防火条例》，自1988年3月15日起施行。

3月3日，林业部、国家土地管理局发出《关于加强林地保护和管理的通知》。

3月29日，林业部、劳动人事部发出《关于加强森林资源管理工作的通知》，明确根据国务院批示，林业部设立森林资源管理司。地方各级林业主管部门应在深化林业改革中，根据分级管理原则，突出重点，切实加强森林资源管理工作。国有林区森工企事业单位的森林资源管理机构，在业务上，既受本单位领导，也受上一级林业主管部门领导，以上一级林业主管部门领导为主。省（自治区、直辖市）林业主管部门对本地区的重点林区和重点森工企业，可根据需要按隶属关系派驻监督机构，对影响全局的重点林业省份和重点森工企业，林业部根据需要派出少而精的资源管理监督人员。

4月18日，林业部发出《关于加强国有林林地权属管理几个问题的通知》。

4月25日，国家计划委员会批复林业部，国务院原则同意林业部提出的《建设一亿亩速生丰产商品用材林基地规划》。

5月3日，国务院任命沈茂成为林业部副部长。

6月2日，国务院同意实行林业基金制度。

6月13日，林业部印发《关于加强森林资源管理若干问题的规定》。

8月29日，林业部颁发《全国平原绿化"五七九"达标规划》。

10月8日，国家机构编制委员会批准林业部机关机构改革"三定"方案，确定林业部机关设司局级机构15个，编制570人。

11月8日，第七届全国人民代表大会常务委员会第四次会议审议通过《中华人民共和国野生动物保护法》和《全国人民代表大会常务委员会关于惩治捕杀国家重点保护的珍贵、濒危野生动物犯罪的补充规定》，自1989年3月1日起施行。

12月9~14日，林业部在山东省泰安市召开全国林业厅（局）长会议。

12月10日，国务院批准《国家重点保护野生动物名录》，1989年1月14日由林业部、农业部共同发布施行。

1989 年

1月14日，经国务院批准，林业部、农业部共同发布《国家重点保护野生动物名录》。

2月5日，国务院任命蔡延松为林业部副部长。

2月21日，国务院办公厅发出《关于当前乱砍滥伐森林情况的通报》，要求各级政府和有关部门切实做好预防和制止工作，坚决做到有风必刹、有案必办。

3月1日，《中华人民共和国野生动物保护法》施行。

3月13日，国务院公布《中华人民共和国种子管理条例》。

3月16日，全国人大财经委员会向全国人大常委会提交《关于林业问题的报告》。指出由于长期对林业"重取轻予"，林业问题已到了非下大决心解决不可的时候了。同时，提出了进一步完善林业法制，组织视察重点林业省、区的林业工作的建议。

3月23日，国务院办公厅向全国发出《云南省文山州不断发生重大毁林案件情况的通报》。

5月5～9日，林业部在北京召开东北、内蒙古重点森工企业负责人会议，决定林业部向黑龙江省森工总局、吉林省林业厅、内蒙古大兴安岭林业管理局和大兴安岭林业公司派驻森林资源监督专员。

5月31日，林业部发出《关于加强林木采伐许可证管理的通知》，决定实行全国统一的林木采伐许可证制度。

6月21日，国家计划委员会批复林业部《关于长江中上游防护林体系建设第一期工程总体规划》。

7月17日，国务院批复同意林业部核发黑龙江省森工总局、大兴安岭林业公司、吉林省林业厅、内蒙古大兴安岭林业管理局4个单位所属各国营林业局的林权证。

7月26日，林业部在北京举行森林资源新闻发布会，公布第三次全国森林资源清查结果。全国林业用地面积26 743万公顷，森林面积12 465万公顷，森林覆盖率12.98%，活立木总蓄积量105.72亿立方米，森林蓄积量91.41亿立方米。

12月4～7日，林业部在北京召开三北防护林体系建设工作会议。中共中央政治局常委宋平、国务委员陈俊生出席会议并讲话。

12月5日，林业部颁发《东北、内蒙古国有林区森工企业试行采伐限额计划管理的决定》的通知。

12月16日，国务院总理李鹏主持召开总理办公会，听取林业部关于林业问题的汇报。

12月18日，国务院公布《森林病虫害防治条例》。

12月18～23日，林业部在北京召开全国林业厅（局）长会议。

1990 年

2月13日，人事部批复林业部成立林业工作站管理总站、林业基金管理总站、世界银行贷款项目管理中心和林木种苗管理总站4个事业单位。

3月5日，全国绿化委员会第九次全体（扩大）会议在北京召开。江泽民总书记、李鹏总理向会议致信，对会议的召开表示热烈的祝贺，并向全国所有为造林绿化事业付出辛勤劳动的同志们和林业战线的广大职工致以亲切的问候。信中要求各级党委和政府要高度重视造林绿化工作，把它列入重要议事日程，切实加强领导，充分发动群众，实行全社会办林业、全民搞绿化。田纪云副总理出席会议并讲话。

3月8日，全国人大常委会副委员长、全国妇联主席陈慕华举行全国"三八绿色工程"新闻发布会，宣布从1990年起在全国范围开展"三八绿色工程"活动，动员全国亿万妇女积极投身到种树、种草、种花以及各项防护林建设的活动中去，为加快国土绿化进程贡献力量。

3月12日，中国人民邮政发行《绿化祖国》特种邮票一套4枚，志号为T148，邮票图名为全民义务植树、城市绿化美化、建设绿色长城、林茂粮丰。

4月30日，林业部在武汉市召开全国林业科技工作会议。

5月7日，林业部举行长江中上游防护林体系建设工程新闻发布会。高德占部长在会上宣布，"由国务院委托国家计委批准的长江中上游防护林体系建设工程从今年开始全面展开。长江中上游防护林体系建设工程是继'三北'防护林体系建设工程之后，我国又一项宏伟的生态建设工程。该工程地跨江西、湖北、湖南等9个省。工程建设的总体目标是用30～40年时间，在长江上游地区植树造林，增加森林面积3亿亩，建设起布局科学、结构合理、网带点有机结合、'三个效益'协调统一的防护林体系。工程建设分两期进行。从现在起到2000年为一期工程，主要任务是在保护现有森林植被的基础上，新增森林面积1亿亩。"

5月29日，世界银行董事会讨论并通过了中国国家造林项目，由国际开发协会提供3亿美元信贷，用于建设98.5万公顷速生丰产用材林基地。

6月12日，林业部成立环境保护工作领导小组。刘广运副部长任组长，有关司局负责同志为小组成员。环境保护工作领导小组下设办公室，对外称野生动物和森林植物保护司环保处。

7月12日，林业部印发《科技兴林方案（1990—1995年）》和《关于加强林业科学技术工作的若干政策性意见》。

7月14日，世界银行贷款国家造林项目部、省执行协议签字仪式在人民大会堂举行。

7月17日，林业部向国务院生产委员会紧急报告，反映东北、内蒙古国有林区森工企业经济危困，长期发不出工资，群众生活陷入严重困境，并提出了5点解决意见。

7月23日，全国人大常委会财经委组织3个工作组赴黑龙江、吉林、大兴安岭国有林区视察，了解国有林区森林资源危机、企业经济危困的情况。

8月4日，国务院办公厅发出通知，对林业部、国家物价局6月26日《关于在东北、内蒙古国有林区建立林价制度的报告》作了批复，"国务院原则同意你们关于建立林价制度的基本思路和分步实施的设想。实施林价制度的具体意见，请会同有关部门认真研究落实。"

9月1日，国务院批复《1989—2000年全国造林绿化规划纲要》。

10月10~13日，林业部在长春市召开东北、内蒙古国有林区森工企业深化改革、强化管理工作座谈会。

10月29日，国家物价局、林业部发出《关于提高东北、内蒙古国有林区统配木材价格及加强对非统配木材价格管理的通知》。

11月1日，林业部颁发《木材运输检查监督办法》和《木材检查站管理办法》。

11月19日，林业部颁布《林木种子检验管理办法》。

12月5日，国务院批准《林业部关于各省、自治区、直辖市"八五"期间年森林采伐限额审核意见的报告》，要求各地严格执行新的采伐限额指标，不得突破和挪用。

12月15日，最高人民法院、最高人民检察院、林业部、公安部、国家工商行政管理局印发《关于严厉打击非法捕杀、收购、倒卖、走私野生动物活动的通知》。

1991 年

1月1日，经国务院批准，东北、内蒙古国有林区的带岭、苇河、穆棱、翠峦、双鸭山、大石头、三岔子、呼中、阿里河9个林业局试行林价制度。

1月8日，国务院发布《关于加强野生动物保护严厉打击违法犯罪活动的紧急通知》。

1月9日，林业部公布《国家重点保护野生动物驯养繁殖许可证管理办法》。

1月11~16日，全国林业厅（局）长会议在西安市召开，着重研究林业发展十年规划和"八五"计划基本思路，部署林业改革和林业工作。

1月17日，国务院决定在增加投入、调整经济政策、减免税收、理顺管理体制等方面对国有林区森工企业实行重点扶持政策和改革措施。

3月11日，新华社发表江泽民、邓小平为全民义务植树运动十周年和全国植树造林表彰动员大会的题词手迹。江泽民的题词是："全党动员，全民动手，植树造林，绿化祖国。"邓小平的题词是："绿化祖国，造福万代。"

3月12日，全国植树造林表彰动员大会在人民大会堂举行。李鹏总理出席大会并讲话，田纪云副总理主持。会议还宣读了中共中央、国务院关于授予广东省"全国荒山造林绿化第一省"称号的决定。

4月7日，党和国家领导人江泽民、杨尚昆、李鹏、万里、乔石、宋平、李瑞环等在北京市丰台区与首都人民一起参加义务植树活动。

7月11日，林业部印发《关于进一步加强林地管理的通知》。

7月29日至8月2日，国务院在兰州市召开全国治沙工作会议。江泽民总书记、李鹏总理向会议致信，田纪云、宋任穷同志为会议题词。国务委员陈俊生主持会议并讲话。

8月14日，入夏以来，江淮流域发生的特大洪涝灾害给工农业生产和人民生命财产造成了重大损失。林业损失也十分严重。

8月26日，江泽民、李鹏、乔石、李瑞环等中央领导同志在北京展览馆参观国家"七五"科技攻关成果展览时，参观了林业科技展区。江泽民总书记详细询问了淮河、太湖流域的林业建设情况，并提出水灾之后在兴修水利的同时，要进行综合治理，注意搞好林业建设。

8月29日，国务院办公厅转发全国绿化委员会、林业部《关于治沙工作若干政策措施意见》。

9月17~26日，第十届世界林业大会在法国巴黎举行，我国派出以徐有芳副部长为团长的中国林业代表团出席会议，本届大会共有130多个国家和地区的2500多名代表出席。大会的主题是"森林——未来的遗产"。会议通过了《巴黎宣言》，号召全球人民携起手来，植树造林，保护森林，为创造一个有利于生态发展的地球而奋斗。

9月18日，林业部举行"三北"防护林建设成果新闻发布会。高德占部长介绍了11年来"三北"防护林体系建设所取得的成果：造林1.38亿亩，保存面积1.1亿亩，保存率为80.16%。

10月16日，世界粮食日。林业部和联合国粮农组织共同在北京举行植树和庆祝活动。联合国粮农组织为表彰中国政府在林业方面取得的成绩，向中国林业部颁发植树造林银质奖。

11月1~2日，林业部在北京召开淮河太湖流域综合治理造林绿化工程会议。

11月29日，国务院批转林业部《关于陕、甘、宁、蒙、晋5省区杨树天牛防治工作的紧急报告》。

12月14日，国务院批准在东北、内蒙古国有林区组建4个企业集团，分别是中国龙江森林工业集团公司、中国吉林森林工业集团公司、中国内蒙古大兴安岭森林工业集团公司和大兴安岭林业集团公司。

12月16日，林业部发布《长江中上游防护林体系建设工程管理办法》。

1992年

1月4~5日，全国林业行业思想政治工作会议在北京召开。

1月6~9日，林业部在北京召开全国林业厅（局）长会议，着重研究进一步深化林业改革、加快林业发展等问题，部署林业改革和建设工作。会议宣布，据全国森林资源清查和消耗量调查，我国已实现全国森林资源总生长量和总消耗量持平，消灭了森林资源"赤字"，扭转了长期以来森林蓄积量持续下降的局面，开始走向森林面积和蓄积量"双增长"。国务院副总理田纪云出席会议。

2月12日，国务院批准《中华人民共和国陆生野生动物保护实施条例》，同年3月1日由林业部发布施行。

3月7日，林业部举行新闻发布会，公布平原绿化最新成果。到1991年底，全国已有508个县（旗、市、区）达到部颁平原绿化标准，实现了平原绿化"五·七·九"规划第一阶段的奋斗目标。其中，山西、北京、河南3省（直辖市）率先实现了全省（直辖市）平原绿化全面达标。

5月13日，国务院公布新修订的《植物检疫条例》。条例规定国务院农业、林业主管部门主管全国的植物检疫工作。

6月8日，国务院办公厅批转林业部、国家计委、国家土地管理局、国家物价局《关于进一步加强林地保护管理工作的请示》。要求各级人民政府高度重视林地保护管理工作。凡征用、占用林地，必须经林业主管部门同意；征、占用林地必须进行补偿。要进一步建立健全林地保护管理制度。

7月31日，我国加入《关于特别是作为水禽栖息地的国际重要湿地公约》组织。同时，确定黑龙江扎龙自然保护区等7个湿地型保护区为国际重要湿地。

8月4~7日，中国林学会在陕西省榆林市召开沙地开发利用国际研讨会。会上正式成立了全国治沙暨沙业学会。

8月5~9日，首次海峡两岸保护野生动物学术研讨会在福建武夷山举行。

8月13日，林业部在大连召开全国野生动物自然保护区工作会议，明确提出了"加强资源保护、积极驯养繁殖，合理开发利用"的野生动物保护工作方针。

9月5日，林业部同意建立武汉城市林业建设试验区。

9 月 7 日，林业部印发《沿海防护林体系建设"八五"计划》《1992—2000 年全国沿海防护林体系建设达标规划》和《沿海防护林体系建设达标检查验收办法》。

9 月 15 日，国务院任命王志宝为林业部副部长。

11 月 10 日，中国林产品经销协会召开第一届会员代表大会，并选举产生了第一届理事会。

12 月 5 日，国务院批准林业部《关于当前乱砍滥伐、乱捕滥猎情况和综合治理措施的报告》，并由国务院办公厅转发各地执行。

12 月 21 日，林业部、世界自然基金会共同举行新闻发布会，宣布启动中国保护大熊猫及其栖息地工程。李鹏、田纪云、邹家华、宋健等领导同志为工程启动题词。

1993 年

1 月 5～9 日，林业部在北京召开全国林业厅（局）长会议，提出在建立社会主义市场经济的新形势下，林业工作要做到该放的真正放开，该抓的继续抓紧，该管的坚持管好，要更多地增资源、增活力、增效益，更快地绿起来、活起来、富起来。

2 月 22 日，林业部印发《关于在东北、内蒙古国有林区森工企业全面推行林木生产商品化改革的意见》，改革的主要内容是全面推行林价制度，改革营林资金管理体制。

2 月 24 日，国务院决定适当调整农林特产税税率。调整后，原木的农林特产税税率由 8%降为 7%。对国有林区森工企业，凡上交计划木材和利润任务的，仍暂缓征收。对新开发的荒山、荒地、滩涂、水面从事农林特产生产的，1～3 年给予免税照顾。

2 月 26 日，国务院发出《关于进一步加强造林绿化工作的通知》。

3 月 18 日，中共中央决定徐有芳任林业部党组书记。

3 月 29 日，第八届全国人民代表大会常务委员会第一次会议决定，任命徐有芳为林业部部长。

5 月 4～6 日，我国西北部地区发生特大强沙尘暴。沙暴袭击了新疆东部、甘肃河西走廊、内蒙古阿拉善盟及宁夏大部分地区，造成 85 人死亡、31 人失踪、264 人受伤，直接经济损失 5.4 亿元。

5 月 13 日，林业部发出《关于坚决制止乱砍滥伐、乱捕滥猎和加强林地管理的紧急通知》。

5 月 27 日，林业部、国家国有资产管理局发出《关于加强国有森林资源产权管理的通知》。

5 月 29 日，国务院发出《关于禁止犀牛角和虎骨贸易的通知》。

6 月 4 日，中国竹产业协会成立。

6 月 20 日，国务院宣布第一批取消中央国家机关各有关部门涉及农民负担的 37 个集资、基金、收费项目。其中，涉及林业的有：取消向农村集体和农民收取林政管理费、林区管理建设费、绿化费；取消预留森林资源更新费。

6 月 30 日，国务院任命祝光耀为林业部副部长。

7 月 2 日，第八届全国人民代表大会常务委员会第二次会议通过《中华人民共和国农业技术推广法》。法律规定国务院农业、林业、畜牧、渔业、水利等行政主管部门按照各自的职责，负责全国范围内有关的农业技术推广工作。

7 月 17 日，中国龙江森林工业集团正式成立。

7 月 24～28 日，林业部在北戴河召开全国林业厅（局）长座谈会。

8 月 28 日，林业部举行新闻发布会，宣布启动太行山绿化工程。该项工程涉及北京、河北、河南、山西 4 省（直辖市）的 110 个县（市、区）。

8 月 30 日，林业部发布《林地管理暂行办法》。

9 月 11 日，中国治沙暨沙业学会在京成立。

9 月 24～28 日，经国务院批准，全国防沙治沙工程建设工作会议在赤峰市召开。江泽民、李鹏同志在致大会的信中，希望沙区广大干部群众，继续发扬艰苦奋斗、坚韧不拔、开拓进取精神，为开创我国防沙治沙工作的新局面而努力奋斗。朱镕基同志打电话对防沙治沙工作提出殷切希望。国务委员陈俊生出席会议并讲话。

11月4日, 中国吉林森林工业集团正式成立。

11月15日, 我国第一个国家木材和林产品交易市场——北京(国家)木材和林产品交易市场在京正式成立。

11月23日, 经林业部党组研究,决定成立林业部南京人民警察学校。该校在原南京林业学校的基础上改建开办。

11月30日, 中国内蒙古大兴安岭森林工业集团正式成立。

12月11日, 林业部发布《森林公园管理办法》。

12月14日, 林业部举行新闻发布会,宣布第四次全国森林资源清理结果。全国林业用地面积39.43亿亩,森林面积20.06亿亩,活立木总蓄积量117.85亿立方米,森林蓄积量101.37亿立方米,森林覆盖率13.92%。

12月20~23日, 林业部在长沙市召开全国林业厅(局)长会议,着重研究在建立社会主义市场经济体制过程中进一步深化林业改革、加强林业的基础地位、加快林业发展等问题。

12月24~25日, 全国绿化委员会第十三次全体会议在湖南长沙召开。会上宣布了中共中央、国务院关于授予湖南省"全国荒山造林绿化先进省"称号的决定。会议决定从1994年开始在全国开展争创造林绿化"千佳乡、百佳县、十佳城市"活动。

1994 年

1月30日, 国务院办公厅印发《林业部职能配置、内设机构和人员编制方案》,规定林业部是国务院主管林业行政的职能部门,负责林业生态环境建设、事业管理和林业产业行业管理,行使林业行政执法职权。林业部设13个职能司(室)和机关党委,部机关行政编制446名。

2月7日, 国务院派工作组参加广东省政府在湛江市举行的公开销毁非法倒卖的230千克犀牛角活动,联合国《濒危野生动植物种国际贸易公约》组织常委会高级代表团专程来华参加这项活动。

2月24日, 全国绿化委员会、林业部印发《关于在全国开展争创造林绿化千佳村、百佳乡、百佳县、十佳城市活动的实施方案》。

4月12日, 国务院任命刘于鹤为林业部副部长。

4月15日, 中共中央政治局常委、国务院副总理朱镕基视察黑龙江森工总局,研究解决国有森工企业面临的实际困难,并就林业和森工问题作了重要指示。

4月16~23日, 内蒙古自治区呼伦贝尔盟红花尔基林业局发生森林火灾。4月22日,江泽民总书记对红花尔基扑火工作作出重要指示,"请向扑火前线的全体指战员表示亲切慰问,希望你们全力以赴,周密部署,精心指挥,团结协作,连续作战,尽快将火扑灭,为保护国家森林资源作出贡献。"4月23日,经过7 000多名警、军、民英勇奋战七昼夜,发生在红花尔基的特大森林火灾明火全部扑灭。

4月21日, 中国邮政发行《沙漠绿化》特种邮票一套4枚,志号为1994-4T。这是我国发行的第一套以防沙治沙为主题的专题邮票。

5月16日, 国务院办公厅发出《关于加强森林资源保护管理工作的通知》。

6月7日, 世界银行执行董事会批准中国"森林资源发展和保护项目",项目总投资3.6亿美元,其中,世行贷款2亿美元。

6月14~21日, 中共中央政治局常委、国务院副总理朱镕基到吉林、辽宁省视察,帮助国有森工企业解决实际困难,并就林业和森工问题作了重要指示。

7月2日, 受国务院委托,林业部部长徐有芳向第八届全国人民代表大会常务委员会第八次会议作关于林业工作情况的报告。

7月26日, 林业部发布《植物检疫条例实施细则(林业部分)》。

8月2~6日, 林业部在昆明市召开全国林业厅(局)长座谈会,研究讨论林业的总体改革和森林法修改问题。

8 月 18 日，中央机构编制委员会办公室批复同意成立北京木材交易中心。

同日，林业部召开新闻发布会，宣布正式成立森林国际旅行社。

8 月 23 日，国务院副总理朱镕基主持召开中央农村工作领导小组第七次会议，听取林业部关于当前林业工作的汇报。

8 月 26～28 日，林业部在山西吕梁地区召开拍卖宜林"四荒"（荒山、荒坡、荒沟、荒滩）地使用权研讨会。

9 月 2 日，国务院第二十四次常务委员会议讨论通过《中华人民共和国自然保护区条例》。

9 月 23 日，中央机构编制委员会办公室批复林业部派驻森林资源监督机构有关问题，核定林业部派驻吉林省、黑龙江省、内蒙古自治区和大兴安岭林业集团公司、四川省、云南省、福建省森林资源监督机构事业编制（全额拨款）125 名。

9 月 25 日至 10 月 2 日，"全国林业名特优新产品博览会"在北京农业展览馆举行。全国人大常委会副委员长田纪云、国务委员陈俊生、全国政协副主席万国权为博览会开幕式剪彩。9 月 26～29 日，中共中央总书记、国家主席江泽民，国务院总理李鹏、国务委员宋健、罗干先后到博览会参观。

9 月 28 日，中央机构编制委员会批复同意成立林业部南京人民警察学校。

10 月 9 日，国务院颁布《中华人民共和国自然保护区条例》。

11 月 5 日，中共中央批准，李昌鉴任中央纪委驻林业部纪律检查组组长。同日，中央组织部决定，李昌鉴任林业部党组成员。

12 月 20～25 日，林业部在合肥市召开全国林业厅（局）长会议，提出"九五"林业发展的基本思路：建立比较完备的林业生态体系和比较发达的林业产业体系。

12 月 31 日，中央机构编制委员会办公室批复，同意将林业部林木种苗管理总站更名为"林业部国有林场和林木种苗工作总站"，中国林业科学研究院林业经济研究所更名为"林业部经济发展研究中心"。

1995 年

1 月 10 日，林业部发出《关于实行使用林地许可证制度的通知》，决定从 1995 年起在全国实行使用林地许可证制度，并对使用林地许可证的使用范围、审批单位与权限等作出规定。

3 月 1～2 日，全国绿化委员会第十四次全体（扩大）会议在北京召开。会上，中共中央、国务院对基本消灭宜林荒山的安徽、湖北、江西、浙江、山东、广西 6 省（自治区）进行了表彰。

4 月 1 日，党和国家领导人江泽民、李鹏、乔石、李瑞环、朱镕基、刘华清、胡锦涛等，在北京参加义务植树。江泽民指出，"植树造林关键要坚持全党动员，全民动手，长期不懈地坚持下去，形成风气。各级领导要把造林绿化工作列入重要议事日程，要坚持把领导干部抓造林绿化工作的政绩作为考核干部的重要内容。"

4 月 11 日，中央机构编制委员会办公室批复同意成立"林业部宣传中心和林业部信息中心"。

4 月 17 日，国务院任命李育才为林业部副部长。

5 月 10 日，国务院新闻办公室在北京举办新闻发布会，林业部部长徐有芳在会上宣布《中国 21 世纪议程林业行动计划》正式付诸实施。

6 月 18～27 日，江泽民总书记在东北三省考察工作期间，视察牡丹江木工机械厂、白河林业局、长白山自然保护区。

7 月 24 日，中央机构编制委员会办公室批复，同意成立林业部濒危物种进出口管理中心（对外称"中华人民共和国濒危物种进出口管理办公室"）。

8 月 7～9 日，林业部首次公开招考公务员。

8 月 30 日，国家体制改革委、林业部公布《林业经济体制改革总体纲要》。

10月12~14日，林业部在北京召开全国林业科学技术大会。

10月26~30日，国务院扶贫开发领导小组和林业部在广西联合召开全国山区林业综合开发暨扶贫开发现场经验交流会。

11月22日，国家计委批复同意林业部编制的《辽河流域综合治理防护林体系建设工程总体规划》《淮河太湖流域综合治理防护林体系建设工程总体规划》《珠江流域防护林体系建设工程总体规划》和《黄河中游防护林工程总体规划》。

12月22~27日，林业部在广州市召开全国林业厅（局）长会议。

1996 年

1月8~9日，林业部在北京召开"三北"防护林体系二期工程总结表彰暨三期工程动员大会。

1月9日，中共中央组织部任命江泽慧为中共林业部党组成员。

2月29日至3月1日，全国绿化委员会第15次全体（扩大）会议在北京召开。会议对1995年基本消灭宜林荒山的吉林、江苏、海南3省进行了表彰，审议并通过了《全国绿化委员会、林业部关于树立"造林绿化功臣碑"的决定》和《全国绿化委员会关于加强保护古树名木工作的决定》。

3月12日，国务院总理李鹏为全民义务植树运动15周年题词："大力植树造林，改善生态环境，促进经济发展。"

4月2日，林业部发布《林业系统内部审计工作规定》。

5月8日，林业部发出《关于开展林业分类经营改革试点工作的通知》。

5月30~31日，林业部在广州召开南方部分省（自治区）林业分类经营改革座谈会。

6月17~27日，根据李鹏总理的指示，由国务院副秘书长刘济民带队，国务院办公厅、中央编制委员会办公室、国家体改委、公安部、农业部、林业部、国家国有资产管理局等部门联合组成调查组，对黑龙江省虎林县区域经济一体化改革试点问题进行了调研。

6月20~30日，林业部组织专家验收团，对大兴安岭"五·六"大火火烧迹地的森林资源恢复情况进行实地检查，并宣布，大兴安岭"五·六"火灾区恢复更新森林资源规划任务全部完成，达到了规划目标。

6月30日至7月5日，中共中央政治局常委、国务院总理李鹏在黑龙江省考察工作时，检查了林业工作，并对国有林区发展作出了重要指示。

7月2日，我国林机系统第一家上市股份公司——常林股份有限公司成立。

8月5~11日联合国防治荒漠化公约秘书处、联合国非洲及最不发达国家特别协调员办公室、中国政府和日本政府在北京联合召开亚非防治荒漠化论坛会议。

9月13日，林业部发出《关于国有林场深化改革加快发展若干问题的决定》。

9月27日，林业部发布《林业行政执法监督办法》和《林业行政处罚程序规定》。

9月30日，国务院颁布《中华人民共和国野生植物保护条例》。

10月3~4日，全国绿化委员会、林业部在北京召开首届全国花卉工作会议。

10月6~7日，全国飞播造林40周年纪念大会在北京召开，国务院副总理、全国绿化委员会主任姜春云致信祝贺。

10月14日，林业部发布《林木林地权属争议处理办法》。

11月13日，林业部发布《沿海国家特殊保护林带管理规定》。

11月27日，中国福马林业机械集团有限公司暨福马集团成立。

12月11~14日，林业部在北京召开全国林业厅（局）长会议。

12月18日，"ABT生根粉系列的推广"项目获国家科技进步奖特等奖。

1997 年

1月6日，林业部公布《林业行政执法证件管理办法》。

2 月 16 日，经全国人大常委会批准，我国加入联合国防治荒漠化公约。同时，在林业部设立全国荒漠化防治中心，具体负责执行公约工作。

3 月 20 日，国务院公布《中华人民共和国植物新品种保护条例》。条例规定，国务院农业、林业行政部门按照职责分工共同负责植物新品种权申请的受理和审查，并对符合本条例规定的植物新品种授予植物新品种权。

4 月 5 日，党和国家领导人江泽民、李鹏、李瑞环、朱镕基、刘华清、胡锦涛等到北京天坛公园参加首都全民义务植树活动。

4 月 8 日，林业部举行中国荒漠化状况新闻发布会，公布全国荒漠化普查结果。全国荒漠化土地面积 262.2 万平方公里，占国土面积的 27.3%；沙漠、戈壁及沙化土地面积 168.9 万平方公里，占国土面积的 17.6%。

4 月 18~19 日，全国山区综合开发示范暨林业对口扶贫工作会议在贵阳市召开，国务委员陈俊生出席会议并讲话。

5 月 13~15 日，中国政府和《联合国防治荒漠化公约》秘书处联合举办的亚洲国家履行防治荒漠化公约部长级会议在北京召开，会议通过了《北京宣言》和亚洲防治荒漠化区域行动框架及有关文件。会议期间，中国国家主席江泽民会见了与会代表。

6 月 15 日，林业部发布《林木良种推广使用管理办法》。

6 月 16 日，中国林学会成立 80 周年纪念大会在京召开。中共中央总书记江泽民，国务院总理李鹏，国务院副总理姜春云，中央书记处书记温家宝，国务委员宋健、陈俊生，全国政协副主席朱光亚等分别为大会题词。江泽民的题词是："发挥纽带桥梁作用，促进林业科技进步。"李鹏的题词是："林业科技工作者之家。"

7 月 4 日，中共中央决定，徐有芳任黑龙江省委委员、常委、书记，不再担任林业部党组书记职务；陈耀邦任林业部党组书记。

8 月 3~10 日，林业部党组在北戴河召开党组扩大会议，研究讨论面向 21 世纪的林业建设方针、指导思想、目标任务、政策措施等问题。国务院副总理姜春云到会作重要指示。

8 月 5 日，中共中央总书记江泽民在国务院副总理姜春云《关于陕北地区治理水土流失建设生态农业的调查报告》上作出长篇重要批示，强调要大抓植树造林，绿化荒漠，治理水土流失，再造山川秀美的西北地区。

8 月 12 日，国务院总理李鹏作出长篇重要批示，强调要切实加强植树种草，治理水土流失，并争取 15 年初见成效、30 年大见成效。

8 月 29 日，全国人民代表大会常务委员会第二十七次会议决定，任命陈耀邦为林业部部长。

9 月 19 日，林业部部长陈耀邦当选为中国共产党第十五届中央委员。

10 月 9 日，"中国林业十杰"评选活动在京揭晓，石光银、杰桑·索南达杰、王涛、牛玉琴、孙俊福、马永顺、格日乐、徐凤翔、卫桂英、胡俊生当选。

10 月 13~22 日，第十一届世界林业大会在土耳其安塔利亚召开。大会的主题是"森林可持续发展：迈向 21 世纪"。林业部部长陈耀邦率中国林业代表团出席会议。

11 月 6 日，《成立国际竹藤组织的协定》签字仪式在北京举行。李鹏总理、钱其琛副总理出席签字仪式。孟加拉国、加拿大、中国、印度尼西亚、缅甸、尼泊尔、菲律宾、秘鲁、坦桑尼亚等 9 个发起国的政府代表在《成立国际竹藤组织的协定》上签字。荷兰、意大利、日本、韩国、巴基斯坦、泰国等 6 个观察员国家代表及国际竹藤组织首届理事会成员、董事会成员和国际农发基金会、加拿大国际发展研究中心官员等见证。

11 月 7 日，国际竹藤组织成立大会在北京举行。姜春云副总理代表中国政府致辞，全国人大常委会副委员长雷洁琼、全国政协副主席万国权出席。林业部副部长王志宝当选为国际竹藤组织理事会主席，中国林业科学研究院院长江泽慧当选为国际竹藤组织董事会联合主席。

12 月 26 日，《中国绿色时报》创刊新闻发布会在京举行。中共中央总书记、国家主席江泽民题写报名。全国人大常委会副委员长布赫出席新闻发布会并讲话。

12 月 31 日，林业部部长办公会议决定，编纂出版《中国林业五十年》。

1998 年

1 月 1 日，《中国林业报》更名为《中国绿色时报》，江泽民题写报名。

1 月 13 日，经中央机构编制委员会办公室批准，林业部成立防治荒漠化管理中心，为林业部直属的行使行政管理职能的事业单位。

1 月 22 日，经全国高等教育自学考试指导委员会批准，林业部在全国各省、自治区、直辖市开考林业生态环境管理专业高等自学考试。

1 月 27 日，全国绿化委员会、林业部、交通部、铁道部发出《关于在全国范围内大力开展绿色通道工程建设的通知》。

2 月 18 日，林业部印发《森林病虫害工程治理管理暂行办法》。

2 月 23～25 日，全国林业系统纪检监察工作会议在苏州召开。

2 月 24～27 日，林业部召开部属高校党委书记、校长座谈会。

3 月 10 日，第九届全国人民代表大会第一次会议通过国务院机构改革方案。林业部改为国家林业局，为国务院直属机构。

3 月 20 日，中央批准国家林业局成立党组，王志宝任党组书记。

3 月 23 日，中共中央组织部同意李育才任国家林业局党组副书记，李昌鉴、江泽慧任党组成员。

3 月 25 日，国家林业局领导班子宣布会在北京召开。国务院副总理温家宝出席并讲话。中共中央组织部副部长张柏林宣布国家林业局领导班子组成名单：王志宝任国家林业局局长、党组书记，李育才任副局长、党组副书记，李昌鉴任副局长、党组成员，江泽慧任党组成员。

3 月 29 日，国务院发出《关于议事协调机构和临时机构设置的通知》，明确保留全国绿化委员会，具体工作由国家林业局承担。

3 月 30 日，国务院召开全国森林防火工作电视电话会议。国务院副总理温家宝出席会议并讲话。

4 月 2 日，国务院副总理温家宝在黑龙江省考察林业工作时指出，各级党委和政府要从促进国民经济和可持续发展的战略高度出发，一如既往地重视和加强林业工作。

4 月 4 日，党和国家领导人江泽民、李鹏、李瑞环、胡锦涛、李岚清等到北京玉渊潭公园参加首都全民义务植树活动。

4 月 5 日，国务院任命王志宝为国家林业局局长。

4 月 7～8 日，全国绿化委员会第十七次全体会议在北京召开。中共中央政治局委员、国务院副总理、全国绿化委员会主任温家宝出席会议并讲话。

4 月 9 日，国家林业局在北京召开全国林业厅（局）长座谈会。

同日，国务院任命李育才、李昌鉴为国家林业局副局长。

4 月 29 日，第九届全国人民代表大会常务委员会第二次会议审议并通过《全国人民代表大会常务委员会关于修改〈中华人民共和国森林法〉的决定》，并于同日由国家主席江泽民签署第三号主席令予以公布。同时，还公布了根据该决定修正的《中华人民共和国森林法》。

6 月 3 日，国家林业局局长王志宝代表中国政府，与国际竹藤组织董事会主席高登·史密斯、董事会联合主席江泽慧签署《国际竹藤组织东道国协定》。

6 月 19 日，经国务院学位委员会批准，国家林业局教学、科研单位增加博士学位授权学科点 5 个，分别是：北京林业大学植物学，东北林业大学林业工程、森林培育，南京林业大学林业工程，中国林科院森林经理；增加硕士学位授权点 7 个，分别是：东北林业大学环境与资源保护法、水土保持与荒漠化防治、动物学、会计学，南京林业大学载运工具运用工程，西南林学院森林工程，西北林学院野生动植物保护与利用。

6 月 23 日，国务院办公厅印发《国家林业局职能设置、内设机构和人员编制规定》，规定国家林业局是主管林业工作的国务院直属机构，设 11 个内设机构，包括办公室、植树造林司、森林资源管理司、野生动植物保护司、森林公安局（森林防火办公室、武装森林警察办公室）、政策法规司、发展计划与资金管理司、科学技术司、国际合作司、人事教育司和机关党委。机关行政编制 200 名。

7 月 31 日，中国政府授权代表在华盛顿与世界银行签订"贫困地区林业发展项目"临时基金开发信贷协定和贷款协定。

8 月 5 日，国务院发出《关于保护森林资源制止毁林开垦和乱占林地的通知》。

8 月 18 日，朱镕基总理主持召开国务院总理办公会议，提出我国根治水患的三十二字综合治理措施："封山育林，退耕还林，退田还湖，平垸泄洪，以工代赈，移民建镇，加固堤坝，疏浚河道。"朱镕基强调，要把林业生态建设放在首位，全面停止长江、黄河流域天然林采伐，实施天然林资源保护。

8 月 23 日，天然林资源保护工程在四川省启动。四川省委、省政府决定从 1998 年 9 月 1 日起，阿坝、甘孜、凉山三州，攀枝花、乐山两市和雅安地区，57 个县 460 万公顷的原始森林全面停止采伐，实行长年管护。9 月 29 日，四川省政府决定，从 1998 年 10 月 1 日起，四川省范围内所有天然林一律停止采伐。

8 月 23～28 日，世界森林遗传和林木改良大会在北京召开。大会的主题是：走向 21 世纪的森林可持续经营的林木遗传育种。

8 月 31 日，国务院总理朱镕基在东北洪涝灾区考察灾后重建工作时，在哈尔滨郊区会见林业老劳模马永顺。朱镕基指出，要下最大的决心，封山植树，退耕还林，恢复植被，保护生态。并号召学习马永顺生命不息、造林不止的精神，大搞植树造林，绿化祖国，为子孙后代留下一个青山绿水的锦绣河山。

9 月 3 日，云南省委、省政府发出《关于全面停止金沙江流域和西双版纳州天然林采伐的紧急通知》，决定从 1998 年 10 月 1 日起全面停止金沙江流域和西双版纳州 73 个县的天然林采伐，并同时启动实施天然林资源保护工程。

9 月 22 日，山西省政府决定，山西省所有天然林，不论是国有、集体，还是部门、个人所属，一律停止采伐，实行保护措施。

9 月 30 日，甘肃省委、省政府决定，从 1998 年 10 月 1 日起，在白龙江、洮河、小陇山等 10 个国有天然林区，全面停止采伐，并关闭林区及林缘地区的所有木材市场。

10 月 20 日，最高人民法院、最高人民检察院、国家林业局、公安部、监察部发出《关于开展严厉打击破坏森林资源违法犯罪活动专项斗争的通知》。

10 月 28 日，国家林业局在北京召开全国林业厅（局）长座谈会。

11 月 3 日，国务院第二十四次总理办公会议决定，调整武警森林部队领导管理体制，实行武警总部和国家林业局双重领导体制，由武警总部对武警森林部队的军事、政治、后勤工作实施统一领导，国家林业局负责部队业务工作。成立武警森林部队指挥部。武警森林部队的森林防火业务工作实行中央和地方双重领导。

11 月 9 日，青海省政府发布通告，青海省范围内停止一切天然林采伐。

11 月 26 日，国家林业局在京召开"三北"防护林体系工程建设 20 周年座谈会。

11 月 30 日至 12 月 11 日，"联合国防治荒漠化公约"第二届缔约国大会在塞内加尔首都达喀尔举行。140 多个已经批约的国家和有关国际组织的代表共 1 000 余人参加。由外交部、国家林业局、国家环保总局组成的中国代表团参加了会议。会上中国"奈曼旗沙漠化综合整治研究"项目获联合国"拯救干旱土地奖"。

1999 年

1 月 15 日，国家林业局、财政部联合组织的总投资为 30 亿元，总产值可达 460 亿元的世行贷款项目——"贫困地区林业发展项目"正式启动实施。该项目世行贷款资金为 2 亿美元，覆盖河北、山西、辽宁、江西、安徽、河南、湖北、湖南、广西、四川、贵州、云南等 12 个省（自治区）180 多个县。

1 月 18 日，共青团中央、全国绿化委员会、国家林业局、中国青少年发展基金会决定，在全国范围内开展以保护黄河、长江等我国主要江河流域生态环境为主要内容的"保护母亲河行动"。

1 月 27 日，国家林业局局长王志宝在北京会见日本环境厅政务次官栗原博久，就江泽民主席访日期间代表中国人民向日本人民赠送两只朱鹮"洋洋"和"友友"交接事宜进行磋商。王志宝和栗原博久分别代表本国政府在交接证书上签字。

2 月 2~5 日，国家林业局在北京召开全国林业厅（局）长会议，提出新形势下林业发展的思路：遵循现代林业的思想，按照建立比较完备的林业生态体系和比较发达的林业产业体系的目标，大力推进和深化林业分类经营改革，以此为突破口来促进整个林业的改革和发展。

2 月 5 日，国务院、中央军委发出《关于调整武警黄金、森林、水电、交通部队领导管理体制及有关问题的通知》，明确森警部队实行新的领导管理体制，改称武警森林部队，接受武警总部和国家林业局的双重领导。

2 月 8 日，中国政府向日本赠送朱鹮交接仪式在日本新泻县举行。国家林业局局长王志宝代表中国政府出席交接仪式。

2 月 11 日，中共中央组织部任命周生贤（副部长级）为国家林业局党组副书记、副局长。3 月 9 日，国务院决定任命周生贤（副部长级）为国家林业局副局长。

2 月 12 日，经人事部、全国博士后科研流动站管委会批准，中国林科院、北京林业大学、东北林业大学、南京林业大学分别在林学、生物学、林业工程 3 个一级学科设立 5 个博士后科研流动站。

2 月 24~27 日，国务院总理朱镕基在访问俄罗斯期间，与俄罗斯政府就森林采伐和木材加工方面的合作达成谅解。

3 月 11 日，中央政府向香港特别行政区赠送大熊猫交接仪式在香港举行。

3 月 22 日，国务院召开全国森林防火工作电视电话会议。国务院副总理温家宝出席会议并讲话。

3 月 23 日，国家林业局决定从 1999 年起，在全国开展森林病虫害防治检疫标准站建设工作，力争到 2003 年在全国建设 1 000 个以上标准站，提高各级森防站的管理素质、灾害除治能力和行政执法水平，推进森防体系建设。

3 月 25 日，国家林业局印发《全国人工造林更新实绩核查管理办法（试行）》和《全国人工造林、更新实绩核查技术规定（试行）》。

3 月 29 日，中共中央组织部同意杨继平任国家林业局党组成员、中央纪委驻国家林业局纪律检查组组长。

4 月 1 日，中俄总理定期会晤委员会经贸合作分委会中俄森林资源开发和利用常设工作小组成立并召开第一次会议。

4 月 3 日，党和国家领导人江泽民、朱镕基、李瑞环、胡锦涛、尉健行、李岚清等到北京天坛公园参加首都全民义务植树活动。

4 月 15~30 日，全国政协副主席赵南起率全国政协工作组赴内蒙古、宁夏、甘肃和青海 4 省（自治区），对防治荒漠化情况进行了调研，并形成了《关于我国防治荒漠化面临的严峻形势及对策建议的调研报告》。

4 月 15 日至 5 月 1 日，经国家林业局党组决定，由森林公安局牵头组织青海、新疆、西藏 3 省（自治区）森林公安机关开展"可可西里一号行动"，旨在严厉打击非法盗猎藏羚羊的违法犯罪活动。

4 月 22 日，国家林业局发布《中华人民共和国植物新品种保护名录（林业部分）（第一批）》。

4 月 23 日，中共中央组织部同意马福任国家林业局党组成员、副局长。5 月 12 日，国务院决定任命马福为国家林业局副局长。

同日，我国加入《国际植物新品种保护公约》，并成为国际植物新品种保护联盟（UPOV）成员国。

同日，国家林业局受理北京林业大学递交的"三倍体毛白杨"新品种权申请。这是国家林业局受理的第一份植物新品种权申请。经审查，国家林业局授予北京林业大学"三毛杨1号"等6个三倍体毛白杨植物新品种权。

5月1日至10月31日，中国99昆明世界园艺博览会在昆明举行，历时184天。这是首次由发展中国家举办的大型世界园艺博览会，主题是"人与自然——迈向21世纪"。

5月6日，国家林业局印发《关于加强重点林业建设工程科技支撑的指导意见》。

5月10~18日，《国际湿地公约》第七次缔约方会议在哥斯达黎加首都圣胡塞举行。由国家林业局、外交部、水利部、环保总局和香港特区政府代表组成的中国政府代表团出席了会议。

6月17日，中央机构编制委员会办公室作出《关于国家林业局所属事业单位调整更名的批复》，批复撤销原林业部信息中心，成立国家林业局天然林保护工程管理中心；撤销中国林业杂志社，成立国家林业局人才开发交流中心；并同意55个事业单位名称由"林业部"改为"国家林业局"。

6月22日，中国绿化基金会第四届全体理事会在人民大会堂召开。中共中央政治局常委、全国政协主席李瑞环出席会议并任新一届理事会名誉主席，黄华、陈慕华、布赫、孙孚凌、邵华泽、马玉槐为顾问，王丙乾任新一届理事会主席，蔡延松为常务副主席兼秘书长，朱添华、刘明璞、华福周、迟海滨、杨孙四、杨福昌、谢伯阳、董力、崔波为副主席。

6月25日，全国政协主席李瑞环在第九届全国政治协商会议常务委员会第六次会议闭幕会上，发表题为《关于我国绿化的几个问题》的重要讲话。

6月28日，江泽民总书记针对贵州省台江县发生的天然林采伐问题作出重要指示，"禁伐天然林，保护生态环境是党中央、国务院作出的重大决策，任何地方、任何人都必须认真贯彻执行。"

6月29日，国家林业局发出《关于开展全国森林分类区划界定工作的通知》。

7月15日，《中蒙两国政府关于边境地区森林草原防火联防协定》在蒙古国乌兰巴托签署。该协定指定中华人民共和国国家林业局和蒙古国民防局分别为各自边境地区森林草原防火工作的主管部门，双方主管部门可就边境地区防扑火专业队培训、保障设备、交流经验等进行会晤。该协定自签字之日起生效，有效期5年。

7月21~22日，全国森林病虫害防治工作会议在郑州市召开。

7月26日，武警森林指挥部领导班子成员宣布大会在北京召开，武警总部宣读国务院、中央军委关于武警森林指挥部领导班子成员任职命令。国家林业局局长王志宝兼任武警森林指挥部党委第一书记、第一政委。

7月30日，国务院办公厅发出《关于继续冻结各项建设工程征占林地的通知》，规定从1999年8月5日起至《森林法实施条例》颁布实施之前，继续冻结各项建设工程征（占）用林地。

8月4日，国务院批准《国家重点保护野生植物名录（第一批）》，同年9月9日由国家林业局、农业部共同发布施行。

同日，全国绿化委员会在人民大会堂举行"全国十大绿化标兵"表彰大会。全国人大常委会副委员长王光英、全国政协副主席万国权、中宣部副部长刘鹏出席表彰大会，全国绿化委员会副主任王志宝宣读表彰决定和"全国十大绿化标兵"名单。这"十大绿化标兵"分别是牛玉琴、王树清、张万钧、周兴仁、徐宝桢、吴志胜、马永顺、刘士和、王源楠、温茂元。

同日，武警森林指挥部成立大会在北京举行。

8月6~13日，国家林业局党组扩大会议在北戴河召开，着重研讨新形势下林业改革与发展的重大问题。

8月10日，国家林业局发布《中华人民共和国植物新品种保护条例实施细则（林业部分）》。

8月12~16日，国务院总理朱镕基在云南省考察工作时强调，保护天然林是改善生态环境、实施可持续发展战略的重大举措，必须以更坚定的决心、更严格的要求、更有力的措施，切实抓紧抓好。

8月25日，朱镕基总理主持召开国务院第四十六次总理办公会议，听取国家林业局关于重点地区天然林资源保护工程实施方案的汇报。

9 月 6～10 日，国际朱鹮保护研讨会在汉中市召开。大会通过关于共同拯救世界珍禽朱鹮的《汉中宣言》。

9 月 6～12 日，国务院总理朱镕基在四川省考察工作时指出，实施天然林保护工程，加强生态环境建设，是贯彻执行可持续发展战略的重大部署。要下决心在长江、黄河上中游地区恢复植被、绿化荒山、保持水土、保护生态，力争五年初见成效、十年大见成效。

9 月 9 日，经国务院批准，国家林业局、农业部共同发布《国家重点保护野生植物名录（第一批）》。

9 月 15～16 日，国家林业局在北京召开全国林业技术创新工作会议，研究讨论国家林业局科技创新体系建设方案，部署林业科技创新工作。

10 月 12 日，国家林业局印发《关于进一步加强林业宣传工作有关问题的决定》。

11 月 15～26 日，联合国防治荒漠化公约第三届缔约方大会在巴西召开。以国家林业局副局长李育才为团长的中国代表团出席了大会，并发布了中国 1999 年国家履约报告。

12 月 7 日，国家林业局、联合国粮农组织共同举办的中国林业政策论坛在北京召开。

12 月 16～18 日，全国野生动植物管理工作会议在北京召开。

2000 年

1 月 15 日～29 日，国家林业局在福建、广东、广西、云南 4 省（自治区）开展"南方二号行动"，查破各类野生动物案件 2 672 起。

1 月 26 日，国际竹藤组织在北京举行总部大楼和国际竹藤网络中心工程开工典礼。中共中央政治局委员、国务院副总理钱其琛，国家计委副主任刘江，国家林业局局长、国际竹藤组织理事会主席王志宝，国际竹藤组织董事会主席高登·史密斯等出席典礼仪式并剪彩。

1 月 29 日，国务院公布《中华人民共和国森林法实施条例》。

2 月 2 日，国家林业局发布《中华人民共和国植物新品种保护名录（林业部分）（第二批）》。

2 月 12 日，国务院办公厅转发《教育部等部门关于调整国务院部门（单位）所属学校管理体制和布局结构实施意见的通知》，对国家林业局所属学校的管理体制作出如下调整：北京林业大学、东北林业大学划转教育部管理；南京林业大学、中南林学院和西南林学院划转所在省实行中央与地方共建，以地方管理为主；白城林业学校、宁波林业学校划转所在省管理。国家林业局南京人民警察学校、北京林业管理干部学院继续由国家林业局管理，其中，北京林业管理干部学院改为部门培训机构。

2 月 19～20 日，国家林业局在杭州市召开全国林业厅（局）长会议。

3 月 9 日，国家林业局、国家计委、财政部印发《关于开展 2000 年长江上游、黄河上中游地区退耕还林（草）试点示范工作的通知》。

3 月 13 日，国家林业局发布《林业工作站管理办法》。

3 月 20 日，国家濒危物种进出口管理办公室和国家海关总署对《进出口野生动植物种商品目录》进行了调整，决定将国家重点保护野生植物种的进出口管理纳入海关监管范围，并规定自 2000 年 5 月 1 日起执行调整后的《进出口野生动植物种商品目录》。

3 月 22 日，国家林业局印发《关于重点林业工程资金稽查工作的暂行规定》。

3 月 24 日，国家林业局印发《长江上游、黄河上中游地区 2000 年退耕还林（草）试点示范科技支撑实施方案》。

3 月 27 日，国务院召开全国森林防火工作电视电话会议。国务院副总理温家宝出席会议并讲话。

3 月 31 日，国务院总理办公会听取国务院法制办公室关于建立森林生态效益补偿基金问题的报告，对建立森林生态效益补偿基金的进一步协调工作提出意见。

4 月 1 日，党和国家领导人江泽民、朱镕基、李瑞环、胡锦涛、尉健行、李岚清等在北京中华世纪坛参加首都义务植树活动。

4月4日，中央机构编制委员会办公室批准国家林业局成立"国际竹藤网络中心"。

4月9～20日，以国家林业局副局长马福为团长的中国政府代表团出席了在肯尼亚内罗毕召开的濒危野生动植物种国际贸易公约第十一次缔约方大会。会上，中国被选为新一届常委会副主席国。

4月10日，中国成为湿地国际第57个国家会员。经国务院批准，提名国家林业局野生动植物保护司司长张建龙、林业国际交流中心常务副主任金普春为湿地国际国家会员的中国代表，得到湿地国际的确认。

4月12日，全国林木种苗工作会议在南宁市召开。

4月15～22日，中国林业代表团与美国农业部在华盛顿签署《中华人民共和国国家林业局和美国农业部关于林业合作谅解备忘录》。

4月18日，国家林业局决定启动全国第三次大熊猫调查工作，范围涉及四川、陕西、甘肃3省55个县的33个大熊猫自然保护区。

同日，国家林业局决定实行全国统一林权证式样。

5月12～14日，国务院总理朱镕基在河北、内蒙古考察防沙治沙工作，指出，我国土地沙化形势十分严峻，必须把防沙治沙、加强生态环境建设作为一项重大而紧迫的任务抓紧抓好。

5月17日，国务院总理朱镕基听取国务院办公厅举办的防沙治沙科技知识讲座，指出，改善我国生态环境，特别是防沙治沙问题，迫在眉睫，要抓紧决策，制定一个科学的方案，不要再拖。

6月13日，国家林业局举行新闻发布会，公布第五次全国森林资源清查结果。全国林业用地面积26 329.5万公顷，森林面积15 894.1万公顷，森林覆盖率16.55%，活立木蓄积量124.9亿立方米，森林蓄积量112.7亿立方米。

6月19～21日，全国营造林工作会议在北京召开。

6月21日，经国务院同意，国家林业局、国家计委、财政部印发《关于在湖南、河北、吉林和黑龙江省开展退耕还林（草）试点示范工作的请示》的通知，增补湖南、河北、吉林和黑龙江4省计14个县（市）为退耕还林（草）试点县。

7月8日，第九届全国人民代表大会常务委员会第十六次会议审议通过《中华人民共和国种子法》。国家主席江泽民签署第34号主席令予以公布。法律规定国务院农业、林业行政主管部门分别主管全国农作物种子和林木种子工作。

7月16日，中国大熊猫保护研究中心提供的两只大熊猫"锦竹"和"爽爽"运抵日本神户市王子动物园，由中国野生动物保护协会与日本神户市开始为期10年的大熊猫合作研究。

7月19日，国家计划委员会、财政部印发《关于野生动植物进出口管理费收费标准的通知》，调低野生植物和人工繁殖、培植野生动植物出口收费标准，同时对进口野生动植物实行收费制度。

7月26日，中西部地区退耕还林还草试点工作座谈会在北京召开。国务院总理朱镕基在会上强调，既要充分认识退耕还林还草工作的重要性、紧迫性，又要清醒地看到这项工作的复杂性和艰巨性，必须进一步加强领导，认真落实各项政策，完善具体办法，切实注重实效，积极稳妥、健康有序地搞好试点和示范工作。

8月1日，国家林业局发布《国家保护的有益的或者有重要经济、科学研究价值的陆生野生动物名录》。包括兽纲、鸟纲、两栖纲、爬行纲和昆虫纲5纲46目177科1 591种陆生野生动物被列入保护名录。

8月4～8日，国家林业局党组在北戴河召开党组扩大会议，着重研究林业改革和发展的有关重大问题。

9月10日，国务院印发《关于进一步做好退耕还林还草试点工作的若干意见》。

9月11日，国家林业局颁布《中国湿地行动计划》。

9月12～14日，全国森林公安和森林防火工作会议在南昌市召开。

10 月 11 日，国务院发出《关于进一步推进全国绿色通道建设的通知》。

11 月 3 日，中国政府和俄罗斯联邦政府在北京签订《关于共同开发森林资源合作的协定》。

11 月 9 日，中共中央批准，周生贤任国家林业局党组书记、局长和中央农村工作领导小组成员。12 月 2 日，国务院决定任命周生贤为国家林业局局长。

11 月 17 日，最高人民法院公布《关于审理破坏森林资源刑事案件具体应用法律若干问题的解释》和《关于审理破坏野生动物资源刑事案件具体应用法律若干问题的解释》。

12 月 1 日，国家林业局、国家计委、财政部、劳动和社会保障部印发《长江上游、黄河上中游地区天然林资源保护工程实施方案》和《东北、内蒙古等重点国有林区天然林资源保护工程实施方案》。

12 月 5 日，国家林业局发布《公益林与商品林分类技术指标》（林业行业标准）。

同日，国家林业局决定在全国布设 510 个国家级森林病虫害中心测报点。

12 月 6 日，中国大熊猫保护研究中心提供的两只大熊猫"添添"和"美香"运抵美国华盛顿，由中国野生动物协会与美国华盛顿国家动物园开始为期 10 年的大熊猫合作研究。

12 月 6～8 日，天然林资源保护工程工作会议在北京召开。

12 月 11～22 日，国家林业局和外交部共同组成的中国政府代表团出席在德国波恩举行的联合国防治荒漠化公约第四次缔约方大会。

12 月 20 日，中央机构编制委员会办公室同意成立"国家林业局科技发展中心（国家林业局植物新品种保护办公室）"。

12 月 25 日，中央军委决定周生贤兼任武警森林指挥部第一政治委员。

12 月 27 日，中央机构编制委员会办公室同意成立"国家林业局对外合作项目中心"。

12 月 29 日，第一部中国林业白皮书《2000 年中国林业发展报告》出版。

12 月 31 日，国家林业局发布《林木和林地权属登记管理办法》。

2001 年

1 月 1 日，国家林业局政府网正式开通。

同日，国家林业局在东北、内蒙古重点国有林区正式启用统一印制的"重点国有林区林木采伐许可证"。

1 月 3 日，国务院批转《国家林业局关于各省、自治区、直辖市"十五"期间年森林采伐限额审核意见报告》，批准各省、自治区、直辖市"十五"期间年森林采伐限额。

1 月 4 日，国家林业局公布《占用征用林地审核审批管理办法》。

1 月 10 日，武警总部宣布国务院、中央军委命令，国家林业局局长、党组书记周生贤兼武警森林指挥部第一政委。同时，武警总部党委决定周生贤兼武警森林指挥部党委第一书记。

1 月 11～12 日，全国林木种苗建设工作会议在北京召开。

2 月 2 日，历时 22 年，由 260 多位专家学者编撰的《中国森林》全部出版。全书共分 4 卷，总计 360 多万字。《中国森林》还包括各省出版的系列专著。

2 月 7 日，国家计委、财政部、国家林业局印发《关于加快造纸工业原料林基地建设的若干意见》。

2 月 10 日，中共中央组织部决定雷加富任国家林业局党组成员。2 月 26 日，国务院任命雷加富为国家林业局副局长。

2 月 15 日，国家出入境检验检疫局、海关总署、国家林业局、农业部、外经贸部发出通知，要求严格原木检疫措施，防止林木有害生物随进口原木传入。

2 月 15～17 日，国家林业局在北京召开全国林业厅（局）长会议，提出林业必须走跨越式发展、以大工程带动大发展之路。

2 月 20 日，教育部、国家林业局决定共建北京林业大学、东北林业大学两所林业大学。

3 月 1 日，"关注森林"组委会决定，将 2001 年命名为"中国森林年"，并以"推进林业跨越式发展"为主题开展系列宣传活动。

3月13日，国家林业局印发《国家公益林认定办法（暂行）》。

3月16日，国家林业局决定从 2001 年 5 月 1 日起在全国正式启用统一规格、样式的"林木种子生产许可证"和"林木种子经营许可证"。

3月28日，国家林业局西藏森林资源清查动员大会在成都召开，正式启动首次西藏自治区森林资源清查。

4月1日，党和国家领导人江泽民、李鹏、朱镕基、李瑞环、胡锦涛、尉健行、李岚清等到北京奥林匹克公园参加义务植树活动。

4月3日，国务院在北京召开全国造林绿化表彰动员大会。国务院总理朱镕基、国务院副总理温家宝出席会议并讲话。283 个全国绿化先进集体、273 位全国绿化劳动模范和先进工作者受到表彰。

4月11日，国家林业局宣布组建六大林业工程管理办公室。

4月12~15日，国务院副总理温家宝到内蒙古考察林业工作，并出席国务院在内蒙古海拉尔市召开的重点省区春季森林防火工作现场会议。考察期间，温家宝指出，"林业是生态建设的主体，是经济社会可持续发展的基础，在新的形势下，林业要实现由采伐为主到造林护林为主的重大转变，下大力气切实抓好、建设好六大林业工程，带动林业全面发展。"

4月16日，国家林业局、公安部印发《森林和陆生野生动物刑事案件管辖及立案标准》。

4月17日，国家林业局印发《国家林业局立法工作管理规定》。

4月21日，国家林业局成立林业重点工程建设领导小组。周生贤任领导小组组长，李育才、江泽慧、杨继平、马福、雷加富任副组长。

4月29日，财政部、国家税务总局印发《关于"三剩物"和次小薪材为原料生产加工的综合利用产品增值税优惠政策的通知》，明确"十五"期间对企业以"三剩物"和次小薪材为原料生产加工的综合利用产品，在 2005 年底前由税务部门实行增值税即征即退办法。

5月8日，国家林业局印发《天然林资源保护工程管理办法》和《天然林资源保护工程核查验收办法》。

5月14~18日，《中华人民共和国国家林业局与新西兰农林部关于林业合作的谅解备忘录》在新西兰续签。

6月1日，国家林业局发布《中华人民共和国主要林木目录（第一批）》。

6月14~15日，全国林业科学技术大会在北京召开。国务院副总理温家宝出席会议并讲话。

6月16日，国务院办公厅批准新建内蒙古大黑山等 16 处国家级自然保护区。

同日，国家林业局在北京召开全国林业厅（局）长座谈会，明确了推进林业跨越式发展必须强化"严管林、慎用钱、质为先"三项工作的基本思路。

7月23日，国家林业局在安徽省召开全国松材线虫病防治工作会议。

7月30日，经国务院批准，财政部、国家税务总局印发《关于"十五"期间进口种子（苗）、种畜（禽）、鱼种（苗）和非盈利性种用野生动植物种源税收问题的通知》，明确在 2005 年底以前对进口种子（苗）、种畜（禽）、鱼种（苗）和非盈利性种用野生动植物种源免征进口环节增值税。

8月20日，国家林业局印发《关于加强野生动物外来物种管理的通知》。

8月28日，中央机构编制委员会办公室批复国家林业局成立"全国木材行业管理办公室"，负责指导全国木材行业和国务院确定的重点国有林区管理工作。

8月31日，第九届全国人民代表大会常务委员会第二十三次会议审议通过《中华人民共和国防沙治沙法》。同日，中华人民共和国主席令第 55 号公布。法律规定国务院林业行政主管部门负责组织、协调、指导全国防沙治沙工作。

9月19日，国家林业局在拉萨市召开全国林业援藏工作会议。

9月24日，国家林业局印发《关于造林质量事故行政责任追究制度的规定》。

10 月 21 日，国家林业局印发《全国林业发展第十个五年计划》。

10 月 29 日，科技部、财政部、中央编办批复国家林业局所属科研机构分类改革总体方案，原则同意国家林业局报送的科技体制改革方案。

11 月 1 日，经国务院批准，财政部、国家税务总局印发《关于林业税收问题的通知》，明确对森林抚育、低产林改造及更新采伐过程中生产的次加工材、小径材、薪材，经省级人民政府批准，可以免征或者减征农业特产税；对包括国有企事业单位在内的所有企事业单位种植林木、林木种子和苗木作物以及从事林木产品初加工取得的所得暂免征收企业所得税。

11 月 7 日，国家林业局在四川眉山市召开全国森林公园工作会议。

11 月 12 日，中共中央组织部决定祝列克任国家林业局党组成员。11 月 21 日，国务院任命祝列克为国家林业局副局长。

11 月 17 日，《中国国家林业局与荷兰农业、自然及渔业部关于加强两国林业合作的会谈纪要》在北京签署。

11 月 20 日，全国森林生态效益补助资金试点工作启动，试点范围包括河北、辽宁、黑龙江、山东、浙江、安徽、江西、福建、湖南、广西、新疆等 11 个省（自治区）的 685 个县（单位）和 24 个国家级自然保护区，涉及重点防护林和特种用途林 2 亿亩，每亩补助 5 元。

11 月 26 日，国家林业局与韩国国际协力团在北京签署《中韩合作中国西部 5 省造林项目实施协议会谈纪要》。

11 月 27 日，国家林业局、铁道部、交通部、国家民航总局、国家邮政局印发《关于国内托运、邮寄森林植物及其产品实施检疫的联合通知》，明确对国内托运、邮寄森林植物及其产品实施检疫制度。

11 月 28 日，国家林业局印发《关于当前环北京地区防沙治沙工程急需抓好的几项工作的通知》，明确在环北京地区防沙治沙工程项目区全面实行禁牧、禁樵、禁垦。

11 月 29 日，国家林业局致函美国内政部鱼和野生动物局，确认《美利坚合众国内政部和中华人民共和国林业部关于自然保护交流与合作议定书》再次延长 5 年，有效期至 2006 年 11 月 19 日。

12 月 14 日，财政部、国家税务总局印发《关于对采伐国有林区原木的企业减免农业特产税问题的通知》，明确对采伐国有林区原木的企业，生产环节与收购环节减按 10％的税率合并计算征收农业特产税；对东北、内蒙古国有林区原木的企业暂减按 5％的税率征收农业特产税，对小径材免征农业特产税，对生产销售薪材、次加工材发生亏损的，报经省、自治区农业税征收机关批准后，可免征农业特产税。

12 月 16 日，国家林业局印发《关于违反森林资源管理规定造成森林资源破坏的责任追究制度的规定》和《关于破坏森林资源重大行政案件报告制度的规定》。

12 月 26 日，国家林业局、外经贸部、海关总署印发《进口原木加工锯材出口试点管理办法》。

2002 年

1 月 10 日，国务院西部地区开发领导小组办公室和国家林业局联合召开退耕还林工作电视电话会议，宣布 2002 年全面启动退耕还林工程。

1 月 11 日，国际湿地公约局批准我国新指定的 14 块国际重要湿地，从而使我国国际重要湿地达到 21 块，面积 303 万公顷。

1 月 18 日，国务院副总理温家宝在中南海主持召开会议，审定《中国可持续发展林业战略研究总论》。

1 月 23～24 日，国家林业局在北京召开全国林业厅（局）长会议。

1 月 28 日，国家林业局发布第二次全国荒漠化和沙化土地监测结果。到 1999 年底，全国有荒漠化土地 267.4 万平方公里、沙化土地 174.31 万平方公里。

2 月 6 日，全国绿化委员会、国家林业局、共青团中央决定，在全国开展"保护母亲河——青春在林业生态工程中闪光"活动，动员全国青少年参与林业重点工程建设。

3月3日，国务院批准《京津风沙源治理工程规划》。

3月5日，《中华人民共和国国家林业局和斐济群岛共和国渔业林业部关于林业合作的谅解备忘录》在北京签署，有效期5年，之后自动延5年，并依此法顺延。

3月12日，全国绿化委员会印发《关于进一步推进全民义务植树运动加快国土绿化进程的意见》。

3月18日，国家林业局与退耕还林工程区的24个省（自治区、直辖市）人民政府和新疆生产建设兵团签定退耕还林工程建设任务和工程质量责任书。

3月23日，全国绿化委员会、中共中央直属机关绿化委员会、中央国家机关绿化委员会、首都绿化委员会联合组织"迎绿色奥运——百名部长义务植树活动"，有近200名部级领导参加了首都义务植树劳动。

3月26日，国家林业局在内蒙古呼和浩特市召开京津风沙源监测体系启动会，正式启动对京津风沙源区的动态监测工作。

3月27~28日，江泽民总书记在陕西省榆林地区和延安市考察防沙治沙及生态建设时指出，生态环境建设不仅关系到西部地区的发展和人民生活的改善，也关系到整个中华民族的生存和发展环境，一定要坚持不懈地抓好。只要一代一代人坚持不懈地努力，西部的生态环境一定能够得到根本改善。

3月29日至4月2日，国务院总理朱镕基在山西考察工作时指出，加快退耕还林步伐，是调整农业结构、加强生态建设的重大举措，也是当前增加农民收入最直接、最有效的办法，更是贫困山区脱贫致富的根本途径。加快退耕还林步伐，要认真总结各地试点经验，进一步完善政策，落实配套措施，妥善解决新问题。

4月1日，江泽民总书记在六省区西部大开发工作座谈会上强调，要认真搞好天然林保护、防沙治沙和退耕还林等重点工程，注意把退耕还林还草与农田基本建设、农村能源、生态移民、农牧业结构调整结合起来。

4月6日，党和国家领导人江泽民、朱镕基、李瑞环、胡锦涛、尉健行、李岚清在北京朝来森林公园参加首都义务植树活动。

4月11日，国务院印发《关于进一步完善退耕还林政策措施的若干意见》。

4月12日，国务院办公厅印发《关于进一步加强松材线虫病预防和除治工作的通知》。

4月17日，国家林业局印发《造林质量管理暂行办法》和《林木种苗质量监督抽查暂行规定》。

4月19日，国家林业局决定在国有林场和林木种苗工作总站加挂"国家林业局森林公园管理办公室"牌子，加强森林公园和森林旅游行业管理工作。

4月23日，国家计划委员会、国家林业局、农业部、水利部印发《京津风沙源工程建设管理办法》。

5月12日，国家林业局决定由国有林场和林木种苗工作总站代行林木种苗行政执法工作。

5月22日，中国卧龙大熊猫博物馆在四川卧龙国家级自然保护区开馆，国务院总理朱镕基题写馆名。

6月3日，《中华人民共和国国家林业局与希腊共和国农业部关于林业合作的协议》在北京签署，有效期5年，之后自动延5年。

6月13日，中美林业合作联合工作组在北京召开第一次会议。

6月16日，联合国防治荒漠化公约秘书长迪亚洛先生签署证书，授予中国国家林业局局长周生贤"防治荒漠化杰出贡献奖"。

6月17日，全国绿化委员会、人事部、国家林业局在人民大会堂联合召开全国防沙治沙表彰大会。全国人大副委员长邹家华、全国政协副主席赵南起出席大会。大会授予石光银同志"治沙英雄"荣誉称号，表彰了一批全国防沙治沙标兵单位、标兵个人、先进集体和先进个人。

6月25日，全国政协主席李瑞环出席政协九届常委会第十八次会议，听取国家林业局关于防沙治沙工作有关情况的汇报。全国政协副主席叶选平主持会议。

7 月 2 日，国务院批准新建河北泥河湾等 17 处国家级自然保护区，其中，属林业系统管理的 13 处。至此，国家级自然保护区总数达 188 处，林业系统管理的达 134 处。

7 月 4 日，国家计划委员会批复实施《重点地区速生丰产用材林基地建设工程规划》。

7 月 31 日至 8 月 1 日，国家林业局在北戴河召开全国林业厅（局）长座谈会。

8 月 1 日，重点地区丰产用材林基地建设工程宣布启动。

8 月 16 日，中国政府批准中国野生动物保护协会与奥地利美泉宫动物园开展大熊猫合作繁殖研究，并向奥方提供一对大熊猫。

8 月 22 日，国家林业局印发《关于调整人工用材林采伐管理政策的通知》。

8 月 29 日，第九届全国人民代表大会常务委员会第二十九次会议审议通过《中华人民共和国农村土地承包法》，同日中华人民共和国主席令第 73 号公布。法律规定，国务院农业、林业行政主管部门分别依照国务院规定的职责负责全国农村土地承包及承包合同管理的指导。

8 月 30 日，《中华人民共和国国家林业局与大不列颠及北爱尔兰联合王国林业委员会关于林业合作的谅解备忘录》在英国伦敦签署，有效期 5 年，之后自动延 5 年。

9 月 4 日，中国政府批准中国野生动物保护协会与泰国清迈动物园开展大熊猫合作繁殖研究，并向泰方提供一对大熊猫。

9 月 19 日，中国政府批准中国野生动物保护协会与美国孟菲斯动物园开展大熊猫合作繁殖研究，并向美方提供一对大熊猫。

9 月 22 日，"中日友好万人友谊林"纪念碑揭幕暨植树活动在北京八达岭长城举行，国家主席江泽民为友谊林题词。

9 月 24 日，《中华人民共和国国家林业局和奥地利共和国联邦农林、环境及水资源管理部关于林业合作的谅解备忘录》在奥地利维也纳续签，有效期 5 年。

9 月 28 日，国务院副总理温家宝在中南海主持召开会议，听取中国可持续发展林业战略研究项目阶段性成果汇报。温家宝指出：林业是经济和社会可持续发展的重要基础，是生态建设最根本、最长期的措施。在可持续发展中，应该赋予林业以重要地位；在生态建设中，应该赋予林业以首要地位。

10 月 8 日，中央机构编制委员会办公室印发《关于国家林业局向重点林区增派及调整森林资源监督机构的批复》。同意国家林业局新增派驻郑州、西安、武汉、贵阳、海口、合肥、乌鲁木齐 7 个森林资源监督专员办事处。对原派驻吉林、四川、福建森林资源监督专员办事处予以更名，并调整监督范围。

10 月 10 日，经党中央、国务院、中央军委批准组建的武警四川、新疆、西藏 3 个森林总队正式成立并举行挂牌仪式。

10 月 12 日，经中央机构编制委员会办公室批准，国家林业局决定在原森林火灾预报信息中心的基础上成立"国家林业局森林防火预警监测信息中心"。

10 月 16 日，治沙英雄石光银获联合国粮农组织（FAO）颁发的杰出林农奖。

10 月 25 日，财政部、国家林业局印发《森林植被恢复费征收使用管理暂行办法》。

10 月 26 日，第九届全国人大常委会第三十次会议召开全体会议，听取国务院关于林业工作情况的报告。李鹏委员长出席，周光召副委员长主持会议。受国务院委托，国家林业局局长周生贤作关于林业工作情况的报告。

同日，《中国可持续发展林业战略研究总论》首发式在北京举行。

11 月 2 日，国家林业局发布《林业行政处罚听证规则》和《林木种子生产、经营许可证管理办法》。

11 月 4～15 日，国家林业局副局长马福率中国政府代表团出席在智利举行的《濒危野生动植物种国际贸易公约》（CITES）第 12 届缔约国大会。

11 月 11 日，财政部印发《林业治沙贷款财政贴息资金管理规定》。

11 月 18～26 日，国家林业局副局长马福率中国政府代表团赴西班牙参加《湿地公约》第八次缔约方大会。

11 月 21 日，中国绿化基金会设立我国第一个"防沙治沙专项基金"。

12 月 2 日，国家林业局发布《中华人民共和国植物新品种保护名录（林业部分）（第三批）》。

12 月 14 日，国务院公布《退耕还林条例》。

12 月 18 日，《中华人民共和国政府和印度尼西亚共和国政府关于合作打击非法林产品贸易的谅解备忘录》在北京签署。

12 月 28 日，国家林业局决定在植树造林司设立"国家林业局防止外来有害生物入侵管理办公室"。

2003 年

1 月 3 日，国家林业局印发《关于进一步加强京津风沙源治理工程区宜林荒山荒地造林的若干意见》。

1 月 6 日，在国家主席江泽民与斯洛伐克总统舒斯特的见证下，《中华人民共和国国家林业局和斯洛伐克共和国农业部关于在造林领域合作的议定书》在北京签署。

1 月 24 日，经国务院批准，内蒙古自治区额济纳胡杨林、青海省三江源等 9 处自然保护区晋升为国家级自然保护区，其中，属林业系统管理的 7 处。

2 月 17～27 日，中国林业代表团访问埃及和南非期间分别签署《中华人民共和国国家林业局与阿拉伯埃及共和国农业和农垦部关于林业合作的谅解备忘录》《中华人民共和国国家林业局和南非共和国水利林业部林业技术合作意向书》。

2 月 21 日，国家林业局发布调整《国家重点保护野生动物名录》。

3 月 29 日，全国绿化委员会、中共中央直属机关绿化委员会、中央国家机关绿化委员会、首都绿化委员会联合举办"建绿色家园——共和国部长义务植树"活动。156 名部级领导参加植树劳动。

4 月 5 日，党和国家领导人胡锦涛、江泽民、吴邦国、温家宝、贾庆林、曾庆红、黄菊、吴官正、李长春、罗干在北京奥林匹克森林公园参加义务植树活动。胡锦涛指出，"植树造林，绿化祖国，加强生态建设，是一件利国利民的大事。我们要一年一年、一代一代坚持干下去，让祖国的山川更加秀美，使我们的国家走上生产发展、生活富裕、生态良好的文明发展道路。"

4 月 10～19 日，国家林业局在全国范围内开展为期 10 天的严厉打击破坏野生动物资源违法犯罪集中统一行动——"春雷行动"。

4 月 16 日，国家林业局防止外来有害生物管理办公室发布"林业危险性有害生物名单"，233 种林业危险性有害生物被列入。

4 月 28 至 5 月 9 日，联合国可持续发展委员会第 11 次会议在纽约联合国总部召开。国家林业局三北防护林建设局局长王成祖获"全球生态及环境保护杰出成就贡献奖"。

4 月 30 日，经国务院批准，国家林业局、财政部、中国人民银行印发《关于做好天然林资源保护工程区森工企业金融机构债务处理工作有关问题的通知》。

5 月 6 日，联合国经济及社会理事会组织会议批准中国绿化基金会获得"联合国经济及社会理事会特别咨商地位"。

5 月 30 日，国家林业局印发《引进林木种子苗木及其他繁殖材料检疫审批和监管规定》。

6 月 25 日，中共中央、国务院颁发《关于加快林业发展的决定》。

6 月 26 日，经国务院批准，河北衡水湖等 29 处自然保护区晋升为国家级自然保护区，其中，由林业系统管理的 23 处。

7 月 8 日，武警森林指挥学校迁址北京。

同日，中国圈养大熊猫野外放归培训工程启动。

同日，全国绿化委员会、国家林业局印发《关于开展向王有德同志学习活动的决定》。

同日，经国务院批准，四川省长宁竹海自然保护区晋升为国家级自然保护区。这是我国第一个以保护竹类生态系统为主的国家级自然保护区。

7月9日，国家林业局、最高人民检察院等12个部门印发《关于适应形势需要做好严禁违法猎捕和经营野生动物工作的通知》。

7月14日，国家林业局发布《主要林木品种审定办法》。

7月15日，经国务院批准同意，国家林业局、商务部、国家海关总署在内蒙古、新疆增设进口原木加工锯材出口试点。

7月21日，国家林业局发布《林业标准化管理办法》。

7月29～31日，国家林业局在北京召开全国林业厅（局）长座谈会。

8月2日，国家林业局新（扩）建森林资源监督机构启动大会在京召开。经中央机构编制委员会办公室批准，国家林业局正式向新成立的兰州、西安、贵阳、海口、合肥、乌鲁木齐7个森林资源监督机构派出专员。

8月12日，国家林业局颁布《主要林木品种审定办法》。

8月13日，国家林业局公布梅花鹿等54种首批可商业性驯养繁殖和经营利用陆生野生动物名单。

8月14日，由中国、俄罗斯、哈萨克斯坦和伊朗4个白鹤分布国家共同参与的白鹤保护项目——"亚洲白鹤及其他国际重要迁徙水鸟迁徙通道与国际重要湿地的保护"项目中国项目区启动。

8月21日，最高人民法院、最高人民检察院发布《关于执行〈中华人民共和国刑法〉确定罪名的补充规定（二）》，公布7项新确立的罪名，其中，有3项新罪名与林业相关。

8月21日，国家林业局印发《退耕还林工程建设监理规定（试行）》。

8月25日，《联合国防治荒漠化公约》第六次缔约方大会在古巴哈瓦那开幕。国家林业局副局长祝列克出席高官会，并介绍了中国在荒漠化防治方面的经验。

9月21日，第十二届世界林业大会在加拿大开幕。国家林业局副局长马福率中国林业代表团出席会议。

9月25日，中共中央组织部决定赵学敏、张建龙同志任国家林业局党组成员。10月9日，国务院任命赵学敏（副部长级）、张建龙同志任国家林业局副局长。

9月27～28日，国务院在北京召开全国林业工作会议。国务院总理温家宝出席会议并讲话，国务院副总理回良玉作题为《加强林业建设，再造秀美山川，实现林业的跨越式发展》的报告。温家宝、回良玉、华建敏等领导同志还为全国林业系统先进集体和劳动模范、先进工作者代表颁发奖牌和奖章。

10月10～12日，国家林业局在山东省召开全国森林资源林政管理工作会议。

10月14日，国家林业局印发《关于实行林业综合行政执法的试点方案的通知》，决定在11个省（直辖市）的21个县和县级单位开展林业综合行政执法体制改革试点工作。

10月24日，中国野生植物保护协会在北京成立。

10月27日，《中日朱鹮保护合作计划》在日本签署。

11月1日至12月31日，国家林业局在全国范围内开展为期2个月的集中打击破坏森林资源违法犯罪的专项行动——"绿剑行动"。

11月4日，国家林业局召开第三次全国荒漠化和沙化监测工作会议，宣布全面启动第三次全国土地荒漠化和沙化监测工作。这是继1994年和1999年两次荒漠化和沙化监测之后的又一次全国范围的监测。

11月6日，中央机构编制委员会办公室批准成立"国家林业局森林资源监督管理办公室"。

11月20日，东北老工业基地振兴中的林业发展座谈会在辽宁召开。

11月27日，国家林业局调查规划设计院主持完成的《北方国家级林木种苗示范基地工程初步设计》在建设部2002年度国家级优秀工程勘察设计评选中，荣获国家优秀工程设计金质奖，实现了林业行业历史上工程设计金质奖零的突破。

12 月 18 日，国家林业局、公安部印发《关于加强森林公安队伍建设的意见》。

12 月 23 日，国家林业局印发《全国荒漠化和沙化监测管理办法（试行）》。

12 月 26 日，国家林业局专家咨询委员会第一次全体会议在北京召开。

12 月 28 日，由中国科学技术协会、国家林业局、九三学社中央委员会共同主办的纪念梁希先生诞辰 120 周年暨梁希科技教育基金成立大会在北京举行。

12 月 30 日，国家林业局印发《关于完善人工商品林采伐管理的意见》。

2004 年

1 月 13 日，国家林业局召开党组扩大会议，总结 2003 年工作，安排部署 2004 年工作。国家林业局党组书记、局长周生贤作重要讲话，局领导李育才、赵学敏、江泽慧、杨继平、雷加富、祝列克、张建龙，武警森林指挥部政委闫文彬出席会议。

同日，国家林业局出台《关于严格天然林采伐管理的意见》。

1 月 21 日，经中国森林风景资源评价委员会审议，国家林业局批准建立北京鹫峰等 64 处国家森林公园。至此，我国森林公园总数已增至 1 540 处，其中，国家森林公园 503 处。

1 月 29 日，国家林业局印发《国家林业局 2004 年工作要点》（林办发〔2004〕1 号），提出以邓小平理论、"三个代表"重要思想和党的十六大精神为指导，按照"抓住一个重点、办好两件大事、强化三项工作、推进四项改革、搞好五大建设"的总体工作部署，深入贯彻落实中央林业决定、全国林业工作会议精神和中央的各项工作要求，以新的发展观指导林业建设，重点处理好林业工作与国家建设、保护与发展、生态与产业、东部中部与西部、内部改革与对外开放、人与事业 6 个方面的关系。

同日，中共安徽省委、省人民政府出台《关于贯彻〈中共中央国务院关于加快林业发展的决定〉的实施意见》。

2 月 2 日，中共甘肃省委、省人民政府出台《关于加快林业发展的决定》。

2 月 3 日，安徽省林业工作会议召开。省长王金山、副省长赵树丛出席会议并讲话，国家林业局党组成员、中国林科院院长江泽慧到会祝贺并讲话。

同日，国家林业局驻合肥森林资源监督专员办事处举行挂牌仪式。国家林业局党组成员、中国林科院院长江泽慧，安徽省委副书记、省长王金山出席揭牌仪式。

同日，广西壮族自治区林业工作会议召开。自治区人民政府主席陆兵出席会议并讲话，自治区党委副书记马铁山主持会议，国家林业局副局长张建龙到会祝贺并讲话。

2 月 6 日，国家林业局直属机关党的建设和机关建设工作会议在北京召开。国家林业局党组书记、局长周生贤做了题为《抓住战略机遇期，延长建设高峰期，全面推动林业持续快速协调健康发展》的重要讲话。中央纪委驻国家林业局纪检组组长、局党组成员、局直属机关党委书记杨继平做工作部署。

2 月 10 日，经中共浙江省委、省政府同意，省人大常委会通过，并报党中央、国务院批准，浙江省林业局正式恢复为浙江省林业厅，为浙江省人民政府组成部门。国家林业局致电祝贺。

2 月 12 日，首都绿化委员会第 23 次全体会议召开，总结部署首都造林绿化工作。全国绿化委员会副主任、国家林业局局长周生贤，国家林业局副局长李育才和国家林业局党组成员、中国林科院院长江泽慧出席会议。

同日，中共江西省委、省人民政府出台《关于加快林业发展的决定》。

2 月 16 日，经国务院批准，由国家发展和改革委员会牵头，国家林业局、轻工业部门共同完成的《全国林纸一体化工程建设"十五"及 2010 年专项规划》开始实施。

同日，中共陕西省委、省人民政府出台《关于贯彻〈中共中央国务院关于加快林业发展的决定〉的实施意见》。

2 月 17 日，全国春季森林防火工作紧急电视电话会议在北京召开。国家林业局局长周生贤强调，要采取果断、有力措施，遏制林火高发势头，严防重大伤亡事故。副局长雷加富主持会议，武警森林指挥部主任何旺林出席会议。

同日，全国林业视频会议系统正式投入使用。

2月18日，国家林业局局长周生贤在国家林业局会见日本前首相羽田孜一行，双方就进一步加强中日林业合作等共同感兴趣的事宜交换了意见。

2月19日，中共云南省委、省人民政府出台《关于加速林业发展的决定》。

2月20日，中华环保世纪行召开2004年度组委会会议暨2003年总结表彰会。确定2004年宣传活动的主题为："珍惜每一寸土地"。同日，中共宁夏回族自治区党委、自治区人民政府出台《关于进一步加快林业发展的意见》。

2月21～22日，云南省林业工作会议召开。省长徐荣凯、副省长孔垂柱出席会议并讲话，国家林业局副局长赵学敏到会祝贺并讲话。

2月25日，国家林业局与国家开发银行在京签订开发性金融合作协议和境外林业开发合作协议。国家林业局局长周生贤和国家开发银行行长陈元出席签字仪式。国家林业局副局长李育才和国家开发银行副行长姚中民代表双方在协议上签字。

同日，宁夏自治区林业工作会议召开。自治区党委书记陈建国致信大会，自治区党委副书记韩茂华出席会议并讲话，自治区政府副主席赵廷杰主持会议，国家林业局副局长祝列克到会祝贺并讲话。

2月26日，山东省林业工作会议召开。省委书记张高丽致信会议，省委副书记、省长韩寓群出席会议并讲话，副省长陈延明主持会议，国家林业局副局长张建龙到会祝贺并讲话。

2月27日，国家林业局局长周生贤，党组成员、中国林科院院长江泽慧在国家林业局会见全球环境基金（GEF）新任主席兼首席执行官莱恩·古德先生，就中国/GEF防治土地退化项目进行商谈。

同日，中共浙江省委、省人民政府出台《关于全面推进林业现代化建设的意见》。

2月29日至3月1日，江苏省林业工作会议召开。省委书记李源潮、省长梁保华、副省长黄莉新出席会议并讲话，国家林业局党组成员、中国林科院院长江泽慧到会祝贺并讲话。

3月2日，国家林业局与中国光彩事业促进会在京召开第一次联席会议。全国绿化委员会副主任、局长周生贤，中央统战部副部长、全国工商联党组书记、中国光彩事业促进会副会长兼秘书长胡德平出席会议并讲话，中央纪委驻国家林业局纪检组组长、局党组成员杨继平主持会议。

3月11日，国家林业局副局长李育才会见联合国亚太农业工程与机械中心主任乔克斯拉赫底博士，就双方开展合作有关事宜交换了意见。

同日，全国绿化委员会办公室发布《2003年中国国土绿化状况公报》。

3月16日，中共湖南省委、省人民政府出台《关于贯彻〈中共中央国务院关于加快林业发展的决定〉的意见》。

3月20日，国务院以国发明电〔2004〕1号印发《关于坚决制止占用基本农田进行植树等行为的紧急通知》。

3月21～31日，国家林业局、公安部共同组织集中打击破坏野生鸟类资源违法犯罪行为的集中统一行动（代号"候鸟二号行动"）。在历时10天的行动中，全国共立案查处鸟类案件2 732起，收缴9万余只野生鸟类放归大自然。

3月21～30日，全国政协人口资源环境委员会组成"石漠化防治"专题调研组赴广西调研石漠化防治工作。国家林业局党组成员、全国政协人口资源环境委员会副主任江泽慧任组长。

3月22日，全国绿化委员会第22次全体会议召开。中共中央政治局委员、国务院副总理回良玉强调，用科学发展观统领国土绿化工作，努力推进绿化事业全面协调可持续发展。全国绿化委员会副主任、国家林业局局长周生贤出席会议并做工作报告。

3月24日，中共黑龙江省委、省人民政府出台《关于加快建设林业强省的决定》。

3月25日，中共北京市委、北京市人民政府出台《关于加快北京市林业发展的决定》。

3月27日，全国绿化委员会、中共中央直属机关绿化委员会、中央国家机关绿化委员会、首都绿化委员会联合组织"建绿色家园——共和国部长义务植树活动"，140多名部级领导参加了植树活动。

4月2日，中共广西壮族自治区党委、自治区人民政府出台《关于实现林业跨越式发展的决定》。

4月3日，党和国家领导人胡锦涛、江泽民、吴邦国、温家宝、贾庆林、曾庆红、黄菊、吴官正、李长春、罗干等在北京朝阳公园参加首都义务植树活动。胡锦涛指出，"要按照树立和落实科学发展观的要求，广泛动员全社会力量，坚持不懈地开展植树造林活动，把祖国建设得更加秀美。"

4月11日，国家林业局局长周生贤签署国家林业局第10号令，发布《国家林业局关于废止部分部门规章和部分规范性文件的决定》。

4月13日，国家林业局、国家工商行政管理总局发布2004年第1号公告，公告第三批试点使用"中国野生动物经营利用管理专用标识"的企业及其产品。

4月14日，国家林业局召开各司局、各在京直属单位主要负责人会议。国家林业局党组书记、局长周生贤强调，要以科学发展观为指导，全力实施以生态建设为主的林业发展战略。局党组副书记李育才，局党组成员赵学敏、杨继平、雷加富、祝列克、张建龙，武警森林指挥部政委闫文彬出席会议。

4月14~28日，国家林业局党组成员、中国林科院院长江泽慧率团赴德国、比利时、瑞士考察林业情况，并就亚非防治荒漠化培训中心建立、哥根廷大学与中国林科院的合作、国家林业局与欧盟的科技合作及植物新品种保护等内容进行了会谈，签署了有关协议和意向书。

4月15日，国务院办公厅印发《关于进一步加强森林防火工作的通知》（国办发〔2004〕33号）。同日，国家林业局发布2004年第2号公告，公告我国松材线虫病疫区，包括6省54个县（市、区）。

4月16日，国务院办公厅印发《关于完善退耕还林粮食补助办法的通知》（国办发〔2004〕34号）。

4月23日，全国绿化委员会、国家林业局印发《关于开展向娄庆祥学习活动的通知》。

4月26日，湖南省林业工作会议召开。省委书记杨正午、副省长杨泰波出席会议并讲话，国家林业局副局长张建龙到会祝贺并讲话。

4月27日，湖北省林业工作会议召开。中共中央政治局委员、湖北省委书记俞正声，省长罗清泉、省委副书记邓道坤、副省长刘友凡出席会议并讲话。国家林业局副局长赵学敏到会祝贺并讲话。

同日，国家林业局驻武汉森林资源监督专员办事处举行挂牌仪式。湖北省省长罗清泉、国家林业局副局长赵学敏出席揭牌仪式。

4月28日，经国务院批准，国家林业局在北京召开全国森林防火工作电视电话会议，局长周生贤传达中央领导同志对森林防火工作的重要指示，就贯彻落实《国务院办公厅关于进一步加强森林防火工作的通知》作了部署。副局长赵学敏主持会议，副局长雷加富宣读表彰决定。国务院办公厅、国家发展改革委、武警总部及森警指挥部等部门有关负责人参加会议。

5月9日，中共吉林省委、省人民政府出台《关于加快林业发展若干问题的决定》。

5月10日，吉林省林业工作会议召开。吉林省省长洪虎、副省长杨庆才出席会议并讲话。国家林业局局长周生贤到会祝贺并讲话。同日，国家林业局副局长雷加富在京会见老挝农林部副部长提·冯萨克。双方就两国林业现状和发展进行了交谈，并就感兴趣的问题交换了意见。同日，经劳动和社会保障部同意，国家林业局印发《林木种苗工》《营造林工程监理员》和《木材检验师》3个首批林业行业国家职业标准。

5月15~18日，中共中央政治局常委、国家副主席曾庆红在甘肃调研时指出，"退耕还林工作必须结合当地实际，结合群众脱贫致富来实施，保证让群众真正得到实惠；落实科学发展观就是在发展中要讲科学，尊重经济发展规律，尊重自然规律。"国家林业局局长周生贤陪同调研。

5月16日，各民主党派中央、全国工商联和国家林业局共同建设的贵州黔西南30万亩金银花基地建设工程启动。全国人大常委会副委员长、民进中央主席许嘉璐，国家林业局副局长赵学敏出席启动仪式并讲话，国家林业局党组成员、中央纪委驻国家林业局纪检组组长杨继平主持启动仪式。

5月19日，国家林业局局长周生贤在京会见联合国粮农组织总干事迪乌夫先生。宾主回顾和肯定了长期以来双方的良好合作关系，表达了进一步加强合作的愿望。

5月21日，国家林业局召开东北、内蒙古重点国有林区森林资源管理体制改革试点工作会议。决定选择6个森工企业局开展森林资源管理体制试点，组建国有林管理机构，实现国有森林管理权与经营权彻底分开。这标志着东北、内蒙古重点国有林区森林资源管理体制改革试点工作正式启动。国家林业局副局长雷加富出席会议并讲话。

5月24日，中共湖北省委、省人民政府出台《关于加快林业发展的决定》。

5月25日，山西省林业工作会议召开。中共山西省委副书记、省长张宝顺出席会议并讲话，国家林业局副局长张建龙到会祝贺并讲话。

5月26日，由国家林业局、国家旅游局、陕西省人民政府主办的2004中国森林旅游博览会在陕西省宝鸡市开幕。全国政协副主席郝建秀到会祝贺。国务院西部开发办公室副主任李子彬、陕西省委书记李建国、省长贾治邦等出席开幕式。国家林业局副局长祝列克出席开幕式并讲话。

同日，国家林业局、财政部联合印发《重点公益林区划界定办法》。

6月6日至8月6日，国家林业局在天保工程区开展为期2个月的保护天然林资源，打击整治盗伐、滥伐林木，非法收购、运输、加工木材等违法犯罪活动的"天保二号行动"。共立案查处各类森林资源案件4628起，收缴林木及木材14707.8立方米，打击处理各类违法犯罪人员5918人次。

6月7日，江西省林业工作会议召开。中共江西省委书记孟建柱，省委副书记、省长黄智权出席会议并讲话，国家林业局副局长雷加富到会祝贺并讲话。

6月8日，国家林业局召开中央林业决定和全国林业工作会议贯彻落实情况大型调研活动动员部署电视电话会议。局长周生贤作了题为《弘扬求真务实精神，大兴调查研究之风，努力延长林业发展的高峰期》的讲话，并宣布将在6月的"调查研究月"里，派出百余名干部组成31个调研组赴全国开展大型调研活动，及时掌握当前出现的问题，寻求解决问题的办法，向中央进一步提出完善政策措施的建议。会议由国家林业局副局长李育才主持。中央农村工作领导小组副组长徐有芳，国家林业局领导赵学敏、江泽慧、张建龙，武警森林指挥部政委闫文彬出席会议。

同日，国务院办公厅印发《关于加强湿地保护管理的通知》（国办发〔2004〕50号）。

6月10日，国务院新闻办公室举行新闻发布会，公布我国第三次大熊猫调查、首次全国性野生动植物调查和首次全国性湿地调查结果及资源保护情况。国家林业局副局长赵学敏出席新闻发布会并回答中外记者提问。

6月11日，北京市林业工作会议召开。中共北京市委副书记、市长王岐山，副市长牛有成出席会议并讲话，国家林业局党组成员、中国林科院院长江泽慧到会祝贺并讲话。

6月12日，由国家林业局、农业部、国家知识产权局、国际植物新品种保护联盟（UPOV）联合举办的"国际植物新品种保护公约1991年文本优势暨植物新品种保护国际合作益处会议"在北京召开。国家林业局党组成员、中国林科院院长江泽慧出席会议并讲话。来自国际植物新品种保护联盟、欧盟植物新品种保护办公室、德国、荷兰等组织和国家及我国林业、农业、知识产权系统的代表共100多人参加了会议。

6月16日，国家林业局驻海口森林资源监督专员办事处举行挂牌仪式。海南省省长卫留成、国家林业局副局长张建龙出席挂牌仪式。

6月17日，国家林业局、全国人大环境与资源保护委员会、全国政协人口资源环境委员会联合在北京召开"加快防沙治沙步伐促进农民增收"座谈会，全国人大常委会副委员长许嘉璐出席座谈会并讲话，全国政协副主席张思卿出席座谈会，国家林业局党组成员、中国林科院院长、全国政协人口资源环境委员会副主任江泽慧出席会议并讲话，国家林业局副局长祝列克主持座谈会。

6月24日，国家林业局和新疆维吾尔自治区党委、区人民政府在乌鲁木齐召开林业援疆工作座谈会。林业援疆计划正式启动。中共中央政治局委员、新疆维吾尔自治区党委书记王乐泉，全国绿化委员会副主任、国家林业局局长周生贤出席会议并作重要讲话。

同日，中共青海省委、省人民政府出台《关于加快林业发展的决定的实施意见》。

6月25日，青海省林业工作会议召开。青海省委副书记宋秀岩主持会议，副省长穆东升作主题报告。国家林业局副局长雷加富到会祝贺并讲话。

6月28日，国家林业局召开全国湿地保护管理工作会议。局长周生贤作了题为《以科学发展观为指导，开创湿地保护管理工作新局面》的重要讲话。副局长赵学敏主持会议，局领导江泽慧、杨继平、雷加富出席会议。同日，西藏自治区林业工作会议召开。中共西藏自治区党委常务副书记徐明阳、自治区政府副主席次仁出席会议并讲话。国家林业局副局长祝列克到会祝贺并讲话。

7月1日，国家林业局局长周生贤签署国家林业局第11号令，发布《营利性治沙管理办法》，自2004年9月1日起施行。

7月7日，福建省林业工作会议召开。中共福建省委代书记、省长卢展工，省委副书记梁绮萍、副省长刘德章出席会议并讲话。国家林业局副局长张建龙到会祝贺并讲话。

7月9～13日，中央国家机关工委组团赴内蒙古自治区赤峰市和河北省承德市考察林业。中央国家机关工委常务副书记张德邻、副书记臧献甫及有关部门负责同志参加考察。国家林业局副局长赵学敏、国家林业局党组成员、中央纪委驻国家林业局纪检组组长杨继平陪同考察。

7月16日，"中国/全球环境基金干旱生态系统土地退化防治伙伴关系项目启动大会"在北京召开。财政部副部长李勇，全国政协人口资源环境委员会副主任、中国林科院院长、项目指导委员会主任江泽慧，国家林业局副局长祝列克，甘肃、青海等省（自治区）政府领导，项目指导委员会各成员单位，联合国开发计划署等国际机构的代表参加启动会议。

7月21日，中共福建省委、省人民政府出台《关于加快林业发展建设绿色海峡西岸的决定》。

7月26日，国家林业局发布2004年第3号公告，公告32项林业行政许可的名称、实施机关、承办机构、依据、条件、程序、期限、收费标准及其依据等内容。

7月27～29日，国家林业局党组扩大会议暨中央林业决定贯彻落实情况大型调研活动总结电视电话会议在京召开。国家林业局党组书记、局长周生贤作题为《全面贯彻落实以生态建设为主的林业发展战略，把我国林业推向持续快速协调健康发展的新阶段》的重要讲话。党组副书记李育才，党组成员赵学敏、江泽慧、杨继平、雷加富、祝列克、张建龙，武警森林指挥部政委闫文彬、国家林业局各司局、直属单位负责人，各省、自治区、直辖市林业（农林）厅（局）、四大森工（林业）集团、新疆生产建设兵团林业局的领导班子成员，31个调研组成员出席电视电话会议。

7月28日，财政部、国家发展改革委、国务院西部开发办、农业部、国家林业局、国家粮食局、中国农业发展银行联合印发《关于退耕还林、退牧还草、禁牧舍饲粮食补助改补现金后有关财政财务处理问题的紧急通知》。

7月29日，国家林业局发布2004年第4号公告，发布林业检疫性有害生物名单。它们是松材线虫、红脂大小蠹、椰心叶甲、松突圆蚧、杨干象、薇甘菊、苹果蠹蛾、美国白蛾、双钩异翅长蠹、猕猴桃细菌性溃疡病菌、松疱锈病菌、蔗扁蛾、枣大球蚧、落叶松枯梢病菌、杨树花叶病毒、红棕象甲、青杨脊虎天牛、冠瘿病菌、草坪草褐斑病菌。

8月5日，国家林业局发布《2003年六大林业重点工程统计公报》。

8月11～13日，全国封山育林现场经验交流会在河北省石家庄市召开。全国绿化委员会副主任、国家林业局局长周生贤作书面讲话，副局长祝列克对封山育林工作作了全面总结和部署。

8月16～17日，新疆维吾尔自治区召开林业工作会议。中共中央政治局委员、自治区党委书记王乐泉出席会议并做重要讲话。自治区政府主席司马义·铁力瓦尔地主持会议并作会议总结。自治区政府副主席熊辉银作工作报告。国家林业局副局长祝列克到会祝贺并讲话。

8月17日，国家林业局驻乌鲁木齐森林资源监督专员办事处举行挂牌仪式。新疆自治区政府副主席熊辉银、新疆生产建设兵团副司令员胡兆璋、国家林业局副局长祝列克出席挂牌仪式。

8月24日，中共新疆维吾尔自治区党委、自治区人民政府出台《关于进一步加快林业发展的意见》。

8 月 26 日，广东省林业工作会议召开。省委副书记欧广源主持会议，省委副书记、省长黄华华讲话，副省长李容根作工作报告。

9 月 2 日，中共山东省委、省人民政府出台《关于加快林业发展建设绿色山东的决定》。

9 月 8 日，全国依法治林工作会议在北京召开。国家林业局党组书记、局长周生贤作了题为《全国推进依法治林，保障林业持续快速协调健康发展》的主题报告，局领导赵学敏、江泽慧、杨继平、祝列克、张建龙，武警森林指挥部政委闫文彬出席会议，张建龙主持会议。

9 月 19～25 日，由国家林业局、山东省人民政府主办的 2004 中国林产品交易会在菏泽市举行。全国人大常委会副委员长何鲁丽、傅铁山、全国政协副主席罗豪才分别向中国林产品交易会发来贺电、贺信。国家林业局副局长雷加富在开幕式上致辞。

9 月 22 日，中共天津市委、市人民政府出台《关于贯彻落实〈中共中央国务院关于加快林业发展的决定〉的实施意见》。

9 月 24～26 日，国家林业局召开全国林业党风廉政建设工作会议。国家林业局党组书记、局长周生贤作了题为《提高执政能力，用好手中权力，为林业持续快速协调健康发展提供坚强保证》的重要讲话，局党组成员赵学敏、江泽慧、张建龙出席会议。中央纪委驻国家林业局纪检组组长、局党组成员杨继平主持会议。

9 月 28 日，由国家林业局局长周生贤任主编的大型图书《盛世兴林》（上、中、下）正式出版。

10 月 2～14 日，《濒危野生动植物种国际贸易公约》第 13 届缔约国大会在泰国曼谷召开。中国当选为公约缔约国大会常务委员会副主席国。以国家林业局副局长、国家濒危物种进出口管理办公室主任赵学敏为团长的中国政府代表团出席大会。

10 月 14 日，国家林业局局长周生贤签署国家林业局第 12 号令，发布《中华人民共和国植物新品种保护名录（林业部分）（第四批）》。

10 月 17～28 日，国家林业局局长周生贤率团赴芬兰和瑞典访问。在芬兰出席了中芬林业工作组第十三次会议纪要的签字仪式，就双方 2005 年至 2006 年合作项目与内容达成了共识，并与芬兰农林部长科克奥拉就加强两国林业合作与交流进行了广泛而深入的交谈。在瑞典首都斯德哥尔摩会见了瑞典国家林业局局长埃南德，双方就加强两国林业合作等问题交换了意见，并签署了《中国国家林业局和瑞典国家林业局关于林业合作的谅解备忘录》。

11 月 5 日，国家林业局印发《全国推进依法治林实施纲要》。

11 月 12 日，由中国林业书法家协会主办、中国绿化基金会联办的"关注森林——绿我中华"全国书画大展在北京举行。全国人大常委会副委员长乌云其木格，全国政协副主席、关注森林组委会主任张思卿，全国绿化委员会副主任、国家林业局局长周生贤为获奖者颁奖。国家林业局副局长赵学敏出席开幕式，国家林业局党组成员、中国林业文联主席杨继平致辞。

11 月 18 日，国家林业局、贵州省人民政府、经济日报社联合主办的首届中国城市森林论坛在贵阳市召开。中共中央政治局常委、全国政协主席贾庆林作重要批示，全国人大常委会副委员长许嘉璐致信祝贺，全国政协副主席张思卿出席。全国政协人口资源环境委员会主任陈邦柱主持开幕式，国家林业局党组成员、关注森林活动组委会副主席杨继平宣读贾庆林主席的重要批示和许嘉璐副委员长的贺信。国家林业局副局长赵学敏出席会议并讲话。

11 月 22～24 日，首届林业科技重奖颁奖大会暨全国林业人才工作会议在北京召开。中共中央政治局委员、国务院副总理、全国绿化委员会主任回良玉出席会议，向获得重奖的个人和集体代表颁奖并发表重要讲话。全国绿化委员会副主任、国家林业局局长周生贤同志做了题为《坚定不移地走人才强林之路，为推动林业持续快速协调健康发展提供强有力的人才保证和智力支持》的主题报告。国家林业局副局长李育才宣读重奖决定。国家林业局党组成员、中国林科院院长江泽慧作大会总结报告。局领导赵学敏、杨继平、雷加富、张建龙，武警森林指挥部政委闫文彬出席会议。

11 月 29 日，国家林业局印发《全国林业产业发展规划纲要》（林计发〔2004〕212 号）。

12月4日，国家林业局发布 2004 年第 5 号公告，公告露水河红松种子园种子等 20 个林木品种和辽胡 1 号杨等 7 个林木品种为林木良种。

12月7日，湿地国际在北京向中国国家林业局颁发"全球湿地保护与合理利用杰出成就奖"。湿地国际首席执行官珍妮·马德维克女士向国家林业局局长周生贤颁发了获奖证书。"全球湿地保护与合理利用杰出成就奖"是湿地国际设立的最高奖项，中国国家林业局是全球首个获奖者。

同日，《湿地公约》正式批准我国政府指定的辽宁双台河、云南拉布海大山包等 9 处国际重要湿地，使我国国际重要湿地达到 30 处。

12月10日，财政部、国家林业局联合印发《中央森林生态效益补偿基金管理办法》。

12月16日，国家林业局、国家工商行政管理总局发布 2004 年第 6 号公告，公告第四批试点使用"中国野生动物经营利用管理专用标识"的企业及其产品。

12月20日，全国绿化委员会、国家林业局印发《关于开展向罗启辉同志学习的决定》。

12月23日，国家林业局召开全国林业自然保护区建设管理工作会议。局长周生贤出席会议并为北京林业大学自然保护区学院成立揭牌。副局长赵学敏讲话，局领导杨继平、雷加富、祝列克、张建龙出席会议，雷加富主持会议。同日，国家林业局、卫生部、国家工商行政管理总局、国家食品药品监督管理局、国家中医药管理局联合印发《关于进一步加强麝、熊资源保护及其产品入药管理的通知》。

12月24日，国家林业局召开局机关思想和制度专项整顿动员部署会议。局党组书记、局长周生贤要求，提高思想认识，强化资金管理，提高依法行政廉洁从政能力，把局直属机关建设成高度负责清正廉洁的指挥部。局党组副书记、副局长李育才主持会议，局党组成员赵学敏、杨继平、雷加富、祝列克、张建龙出席会议。

2005 年

1月1日，中华人民共和国濒危物种进出口管理办公室与海关总署联合发布的新编《进出口野生动植物种商品目录》开始施行。

1月17日，国家林业局党组召开直属机关开展保持共产党员先进性教育活动动员部署大会。党组书记、局长、局保持共产党员先进性教育活动领导小组组长周生贤作动员讲话。局领导赵学敏、江泽慧、杨继平、雷加富、祝列克、张建龙出席会议。

1月18日，国务院新闻办公室召开新闻发布会，公布第六次全国森林资源清查结果。全国森林面积 17 490.92 万公顷，森林覆盖率 18.21%，活立木总蓄积 136.18 亿立方米，森林蓄积 124.56 亿立方米。国家林业局副局长雷加富出席新闻发布会。

1月19～20日，全国林业（厅）局长会议在京召开。国家林业局局长周生贤作了题为《当前林业的形势与任务》的重要讲话，局领导赵学敏、江泽慧、杨继平、雷加富、祝列克、张建龙和武警森林指挥部政委闫文彬出席会议。

1月28日至2月4日，国家林业局党组成员、中央纪委驻局纪检组组长杨继平出席中国与新西兰林业工作组第三次会议并考察新西兰林业。

2月2日全国政协人口资源环境委员会、国家林业局、世界自然基金会在北京举行第九个世界湿地日庆祝活动。全国政协副主席、关注森林组委会主任张思卿出席庆祝活动并讲话，全国绿化委员会副主任、国家林业局局长周生贤出席活动并讲话，副局长赵学敏主持庆祝活动。2005 年世界湿地日的主题为"湿地生物多样性和文化多样性"。会议宣布，我国又有 9 处湿地被列入国际重要湿地名录。至此，我国列入国际重要湿地名录的湿地已达 30 处，总面积 343 万公顷，占全国自然湿地总面积的 9.4%。

2月6日，中共广东省委、省政府出台《关于加快建设林业生态省的决定》。

3月1日，第二届"关注森林奖"颁奖暨 2005 年"关注森林"活动启动大会在北京召开。中共中央政治局常委、全国政协主席贾庆林接见获奖代表并讲话，全国政协副主席王忠禹、张思卿、李蒙陪同接见。国家林业局局长周生贤出席大会并讲话，局党组成员、中国林科院院长江泽慧出席会议，局党组成员、中央纪委驻局纪检组组长杨继平宣读颁奖决定。

3月14~19日，联合国粮农组织第三届林业部长级会议在意大利召开，重点讨论国际社会对森林可持续经营的国际承诺和林火管理国际合作。国家林业局副局长雷加富出席会议并发言。

3月15日，全国野生动物疫源疫病监测工作电视电话会议在北京召开。国家林业局副局长赵学敏宣布，在全国重点区域全面启动全国陆生野生动物疫源疫病监测体系建设，首批确定的监测站点达150多处。

3月17~22日，全国人大常委会副委员长、民进中央主席许嘉璐在贵州省毕节地区考察石漠化治理和生态建设，并出席国家林业局与贵州省省级林业联系点第五次联席会议。国家林业局副局长赵学敏、贵州省副省长禄智明出席会议并讲话。国家林业局党组成员杨继平出席会议，贵州省人大常委会副主任黄康生主持会议。

3月17日~24日，应美国林务局邀请，国家林业局副局长雷加富率中国林业代表团访问美国。访美期间会见了美国林务局副局长萨利·科林斯女士，就双方关心的问题交换了意见。代表团访问了博伊西美国部际防火中心，重点考察了美国林火管理和科研情况。

3月22日，国家林业局局长周生贤在北京会见来访的芬兰农林部长尤哈·科瑞加及代表团一行，双方就林业领域的合作及共同关心的问题交换了意见。

3月23日，国家标准化管理委员会和国家质量监督检验检疫总局联合发布《飞播造林技术规程》，自2005年9月1日起施行。

3月26日，全国绿化委员会、中共中央直属机关绿化委员会、中央国家机关绿化委员会、首都绿化委员会联合组织"共建绿色家园——共和国部长义务植树活动"，180多名部级领导参加了首都义务植树劳动。

3月29日，全国绿化委员会第二十三次全体会议在北京召开。中共中央政治局委员、国务院副总理、全国绿化绿委会主任回良玉主持会议并作重要讲话。他强调，要加快国土绿化，加强生态建设，促进人与自然和谐相处。全国绿化委员会副主任、国家林业局局长周生贤就2004年国土绿化工作的进展情况和2005年国土绿化工作安排意见作了工作报告。同日，国家林业局局长周生贤在北京会见来访的芬兰斯道拉恩索集团副首席执行官哈格伦德一行。双方就外资企业投资造林、速生丰产用材林基地建设、林纸一体化发展等问题进行了探讨。

3月30日，国家林业局、公安部召开全国打击破坏森林资源专项行动电视电话会议。会议宣布，从4月1日起至6月15日，在全国范围内开展打击森林资源专项行动。国家林业局副局长赵学敏公布挂牌督办的10起重点案件。副局长雷加富、公安部副部长刘金国出席会议并讲话。

4月2日，党和国家领导人胡锦涛、吴邦国、贾庆林、曾庆红、黄菊、吴官正、罗干等在北京奥林匹克森林公园参加首都义务植树活动。胡锦涛强调："环境是经济社会可持续发展的依托，是我们共同生存的家园。加强环境保护和建设，是树立和落实科学发展观的必然要求，是坚持以人为本的具体体现。全社会都要坚持不懈地做好爱护环境、保护环境、建设环境的工作，努力实现人与自然和谐发展的目标。"

4月4日，国家林业局副局长李育才和国际林业研究中心总干事大卫·卡莫维兹博士在北京签署中国国家林业局与国际林业研究中心合作谅解备忘录，进一步加强双方在林业研究和政策分析领域的合作。国际林业研究中心董事会主席安吉拉·克伯女士出席签字仪式。

4月8日，中央编制委员会办公室下发《关于增加国家林业局森林公安局直属机动队专项行政编制的批复》（中央编办复字〔2005〕38号），同意成立国家林业局森林公安局直属机动队，专项行政编制4名。

4月17日，国务院办公厅下发《关于切实搞好"五个结合"进一步巩固退耕还林成果的通知》（国办发〔2005〕25号）。

4月18日，中华人民共和国濒危物种进出口管理办公室郑州办事处举行挂牌仪式，国家林业局副局长赵学敏出席仪式并讲话。

4月19日，国家林业局副局长祝列克在北京会见了芬兰议会农林委员会主席安蒂拉女士一行，双方就两国林业合作及共同关心的问题交换了意见。

4月28日，国家林业局印发《国家林业局 2005 年工作要点》（林办发〔2005〕61号），提出林业工作总的要求是：以邓小平理论和"三个代表"重要思想为指导，用科学发展观统领林业工作全局，全面贯彻中央林业决定精神，继续实施以生态建设为主的林业发展战略，准确把握治理与破坏相持阶段的林业发展规律，深入落实"抓住一个重点，办好两件大事，强化三项工作，深化四项改革，加强五大建设，处理好六大关系"的林业工作总体部署，全面推动林业持续快速协调健康发展，为促进人与自然和谐、构建社会主义和谐社会作出积极贡献。

4月30日，经国家林业局批准，杭州西溪湿地公园成为全国第一个国家湿地公园示范点。5月1日正式向公众开放。国家林业局副局长赵学敏出席开园仪式并讲话。

5月10日，国家林业局举行"全国自强模范"、山东省淄博市林业局副局长、原山林场场长孙建博先进事迹报告会。会前，局党组同志集体会见了孙建博。局领导周生贤、李育才、江泽慧、杨继平、雷加富、祝列克参加会见。李育才、杨继平、雷加富、祝列克出席报告会。

5月12日，国家林业局局长周生贤在北京会见了湿地公约秘书长布里奇华特博士。双方就中国湿地保护成就和履行湿地公约情况及今后合作领域进行了交流。

5月17日，国家林业局印发《国家林业局关于停止施行林木种子生产经营许可证年检制度的通知》（林场发〔2005〕72号）。

5月19日，国家林业局在海南省召开全国沿海防护林体系建设座谈会。局长周生贤提出，到 2010 年，我国将建成结构稳定、功能齐全、规模宏大，有效抵御海啸和风暴潮等自然灾害的综合性防护林体系。副局长赵学敏、祝列克，海南省副省长江泽林出席会议。同日，国家林业局副局长李育才在北京会见国际纸业公司总裁罗安明一行并出席了 2005 年国家林业局和国际纸业公司合作计划签字仪式。

5月23日，国家林业局局长周生贤签署国家林业局第 13 号令，公布《突发林业有害生物事件处置办法》。

5月25日，财政部、国家林业局印发《林业有害生物防治补助费管理办法》。

5月25～27日，国家林业局副局长祝列克率团出席在纽约联合国总部举行的联合国森林论坛部长级会议并作主旨发言。会议期间，与新西兰、芬兰、印度尼西亚、俄罗斯的林业部长和国际自然保护联盟（IUCN）总裁进行了会晤，就双边合作和多边热点问题交换了意见，并与美国林务局签署了《中美森林健康合作纪要》。

5月27日，国家林业局局长周生贤签署国家林业局第 14 号令，公布《林业行政处罚案件文书制作管理规定》。

6月1日，国家林业局局长周生贤签署国家林业局第 15 号令，公布《林业统计管理办法》。

6月3日，中国绿化基金会第五届全体理事会议在北京召开。中共中央政治局常委、全国政协主席贾庆林担任中国绿化基金会第五届理事会名誉主席。会前，贾庆林接见了第五届理事会成员并发表重要讲话，全国人大常委会原副委员长王丙乾、布赫，全国政协原副主席赵南起、全国政协副主席张思卿出席会议。国家林业局局长周生贤出席会议并作重要讲话，副局长赵学敏主持会议。

6月7日，我国湿地保护领域最大外援项目"中国湿地生物多样性保护与可持续利用"项目第二阶段全面启动。国家林业局副局长、项目指导委员会主任赵学敏出席项目启动会。

6月8日，国家林业局召开保持共产党员先进性教育活动工作总结暨"两优一先"表彰大会。局党组书记、局长周生贤出席会议并作重要讲话，局领导李育才、赵学敏、江泽慧、杨继平、雷加富、祝列克、张建龙出席会议。

6月14日，国务院新闻办公室召开新闻发布会，通报第三次全国荒漠化和沙化监测结果，全国沙化土地实现了自新中国成立以来的首次缩减，沙化土地面积由 20 世纪末年均扩展 3 436 平方公里转变为目前年均缩减 1 283 平方公里。国家林业局副局长祝列克出席新闻发布会并回答中外记者提问。

6 月 16 日，财政部、国家林业局出台《林业贷款中央财政贴息资金管理规定》。财政部原《林业治沙贷款财政贴息资金管理规定》同时废止。同日，国家林业局局长周生贤签署国家林业局第 16 号令，公布《国家级森林公园设立、撤销、合并、改变经营范围或者变更隶属关系审批管理办法》。同日，国家林业局印发《国家林业局关于继续深入落实〈中共中央国务院关于加快林业发展的决定〉的意见》（林办发〔2005〕90 号）。

6 月 23 日，由中宣部、全国人大环境资源委员会、国家林业局等 12 个部门联合开展的"关注森林——绿色海疆万里行"宣传活动在北京启动。全国人大常委会副委员长许嘉璐为采访团授旗，全国政协副主任张思卿、国家林业局局长周生贤出席启动仪式并讲话。此次活动为期 1 个月，16 家中央新闻媒体的 50 余名记者，分赴沿海 11 个省（自治区、直辖市）实地采访沿海防护林建设情况。

6 月 24 日，国家林业局、国家工商行政管理总局发布 2005 年第 3 号公告，公告第五批试点使用"中国野生动物经营利用管理专用标识"的企业及其产品。

6 月 27 日，中国银行业监督委员会、国家林业局联合印发《关于下达天然林保护工程区森工企业金融机构债务免除名单及免除额（第一批）的通知》（银监发〔2005〕39 号）。

7 月 4 日，财政部、国家林业局联合印发《国有贫困林场扶贫资金管理办法》（财农〔2005〕104 号）。

7 月 12～13 日，国家林业局在内蒙古鄂尔多斯市召开全国防沙治沙现场会，学习、推广内蒙古生态建设、防沙治沙经验和做法，局长周生贤出席会议并作重要讲话。

7 月 14 日，国家林业局印发《国家林业局林木种子经营行政许可监督检查办法》（林策发〔2005〕98 号）。

7 月 25～27 日，国家林业局召开党组扩大会议，集中听取各司局、各在京直属单位主要负责同志关于相持阶段怎么干的发言。27 日下午，召开局党组扩大会暨全国林业厅（局）长电视电话会议，党组书记、局长周生贤同志作《深化认识，分类指导，全力打好相持阶段林业发展攻坚战》的重要讲话，局领导李育才、赵学敏、江泽慧、杨继平、雷加富、祝列克、张建龙和武警森林指挥部政委闫文彬出席会议。

7 月 28 日，国务院办公厅印发《关于解决森林公安及林业检法编制和经费问题的通知》（国办发〔2005〕42 号）。

7 月 29 日，国家林业局局长周生贤在京会见了莱索托王国林业和土地开发大臣林肯·莫科塞，宾主双方就开展中莱两国林业合作过行了友好会谈。会见后双方签署了中莱林业合作谅解备忘录。

8 月 1～2 日，国家林业局党组成员、中国林科院院长江泽慧在日本先后拜会了日本林野厅长官前田直登和日本国际协力机构副理事长长畠中笃，在筑波访问了日本森林综合研究所，与该所所长大熊干章签署了中国林科院和日本森林综合研究所关于林业研究合作的谅解备忘录。

8 月 8～13 日，国家林业局党组成员、中国林科院院长江泽慧率中国林业代表团出席在澳大利亚布里斯班举行的国际林业研究组织联盟第 22 届世界大会，并在会上作题为《中国西部地区的土地退化与综合生态系统管理实践》的主题报告。

8 月 9 日，国家林业局副局长赵学敏在卧龙自然保护区宣布"赠送台湾同胞大熊猫优选工作专家组"成立。8 月 19 日公布了赠台大熊猫优选的 5 条标准，10 月 13 日公布入围的 11 只大熊猫。

8 月 15～22 日，应俄罗斯联邦自然资源部的邀请，国家林业局副局长张建龙率中国林业代表团访问俄罗斯，双方就进一步加强中俄林业合作等有关事宜交换了意见。

8 月 16 日，经中央机构编制委员会办公室批准，国家林业局成立湿地公约履约办公室（国家林业局湿地保护管理中心）。

8 月 17 日，国务院总理温家宝主持召开国务院常务会议，听取国家林业局关于进一步加强防沙治沙工作有关情况的汇报，研究部署进一步加强防沙治沙工作。

8 月 19 日，中国国家林业局与野生救援协会在北京共同签署《国家林业局和野生救援协会合作框架》协议，双方将通过多方面合作，推动中国野生动植物保护事业发展。国家林业局副局长赵学敏出席签字仪式。

8月22日，由《濒危野生动植物种国际贸易公约（CITES）》秘书处和中国国家濒危物种进出口管理办公室共同主办的"丝绸之路CITES履约执法研讨会"在新疆召开。会议呼吁加强区域协作，提高履约执法水平。国家林业局副局长、国家濒危物种进出口管理办公室主任赵学敏出席会议并讲话。

8月23日，"第二届中国城市森林论坛"在辽宁省沈阳市开幕。全国人大常委会副委员长许嘉璐发来贺信。全国政协副主席、关注森林活动组委会主任张思卿出席论坛并讲话。全国政协人口资源环境委员会主任陈邦柱主持论坛。国家林业局党组成员、中央纪委驻局纪检组组长、关注森林组委会副主任杨继平，国家林业局副局长祝列克等出席论坛并讲话。国家林业局在论坛上公布了国家森林城市评价指标，并授予沈阳市"国家森林城市"荣誉称号。

8月25日，国家林业局和新疆维吾尔自治区人民政府共同主办的"跨越时空看新疆——新疆生态行"科考宣传活动启动。全国绿化委员会副主任、国家林业局局长周生贤，国家林业局党组成员、中国林科院院长江泽慧，自治区党委副书记、政协主席艾斯海提·克里木拜，自治区党委副书记、常务副主席张庆黎等出席启动仪式，自治区副主席钱智主持，周生贤、张庆黎在启动仪式上分别讲话，艾斯海提·克里木拜向科考采访团代表授旗。

8月25～26日，全国公安保卫战线英雄模范立功集体代表大会在北京召开，包括12位森林公安系统代表在内的与会代表受到了胡锦涛总书记、温家宝总理的接见。国家林业局党组书记、局长周生贤在国家林业局会见了12位森林公安系统代表。这12位代表是王保文、王用华、王汉兴、李新顺、李宏光、彭秀丽、赵广延、安跃红、王琳、杨连喜、龙涛、袁志生。

8月27日，国务院批准《全国湿地保护工程实施规划（2005—2010年）》。同日，中国野生动物保护协会在四川卧龙中国保护大熊猫繁育研究中心主办了"向台湾同胞赠送大熊猫座谈会"。台湾民间团体、研究机构、保育团体的专家，大陆科研院所、大熊猫繁育研究机构的专家及有关部门和协会的代表就赠送大熊猫事宜交换了意见。

8月30日，青海三江源自然保护区生态保护和建设工程地青海西宁正式启动实施。中共中央政治局委员、国务院副总理曾培炎出席启动仪式并致辞。中共青海省委书记赵乐际主持。

9月6日，国家林业局印发《国家林业局关于加快速生丰产用材林基地工程建设的若干意见》（林贷发〔2005〕129号）。

9月8日，国务院颁发《国务院关于进一步加强防沙治沙工作的决定》（国发〔2005〕29号）。

9月13～14日，全国森林资源林政管理工作会议在北京召开。会议提出实施"三步走"战略，实现森林可持续经营。国家林业局局长周生贤和其他在京局领导会见了会议代表，对近年来森林资源管理取得的成绩给予充分肯定和高度评价。副局长赵学敏主持会议，雷加富出席会议并讲话。

9月17～19日，全国林业系统党风廉政建设工作会议在江西召开。会议总结交流了在保持共产党员先进性教育活动中加强党风廉政建设的经验，对林业系统派驻纪检监察机构实行统一管理工作提出指导性意见，并对林业反腐倡廉工作作出部署。中央纪委驻国家林业局纪检组组长、局党组成员杨继平受局党组委托作重要讲话。

9月23日，国家林业局局长周生贤签署国家林业局第17号令，公布《普及型国外引种试种苗圃资格认定管理办法》。

同日，国家林业局局长周生贤签署国家林业局第18号令，公布《松材线虫病疫木加工板材定点加工企业审批管理办法》。

9月26日至10月16日，由全国绿化委员会、国家林业局和江苏省人民政府共同主办的首届中国绿化博览会在南京开幕。国务委员兼国务院秘书长华建敏出席并宣布首届中国绿化博览会开幕。全国绿化委员会副主任、国家林业局局长周生贤，江苏省省长梁保华分别在开幕式上致词。中共江苏省委书记李源潮，全国人大环境与资源保护委员会主任委员毛如柏，国家林业局党组成员、中国林科院院长江泽慧，国家林业局副局长祝列克等出席开幕式。

9月27日，国家林业局局长周生贤签署国家林业局第19号令，公布《引进陆生野生动物外来物种种类及数量审批管理办法》。

9月27～28日，国家林业局在贵州召开全国山区综合开发暨林业对口扶贫工作会议，国家林业局副局长李育才出席会议并讲话。

9月28日，国家林业局、国家发展和改革委员会、财政部、国土资源部、水利部、农业部、国家环保总局联合下发《关于印发〈全国防沙治沙规划（2005—2010年）〉的通知》（林计发〔2005〕148号）。

9月28日至10月7日，第六届中国花卉博览会暨第四届中国花卉交易会在成都举办。国务院副总理回良玉发来贺信，全国人大常委会副委员长乌云其木格出席并宣布第六届中国花卉博览会开幕，国家林业局党组成员、中国花卉协会会长江泽慧，中共四川省委书记张学忠分别在开幕式上致辞，四川省省长张中伟主持。全国政协副主席李蒙、全国政协原副主席杨汝岱、国家林业局副局长祝列克出席开幕式。39个国家和地区，全国所有省、自治区、直辖市参展。博览会期间，召开了"中国花卉产业发展与知识产权保护国际论坛"。国家林业局副局长祝列克在论坛上致辞，四川省副省长陈文光出席论坛并发言。全国各省（自治区、直辖市）大型花卉企业、花协协会、花卉行政管理部门，以及荷兰、德国、日本等国家的代表共100多人参加了论坛。

10月12～15日，应国家林业局局长周生贤邀请，巴西环境部部长玛丽娜·席尔瓦女士率代表团一行访问中国。周生贤会见了玛丽娜·席尔瓦一行，双方就开展两国林业合作交换了意见。江泽慧和席尔瓦分别代表中巴双方签署了《国家林业局和巴西环境部关于林业生物多样性合作谅解备忘录》。中国林科院授予玛丽娜·席尔瓦名誉博士学位。局长周生贤，副局长李育才、张建龙出席授予仪式。局党组成员、中国林科院院长江泽慧主持，并为玛丽娜·席尔瓦颁发中国林科院名誉博士学位证书和牌匾。

10月12～19日，国家林业局党组成员、中央纪委驻局纪检组组长杨继平率中国林业代表团赴韩国出席中韩林业第五次工作组会议并考察韩国林业。

10月24～25日，《联合国防治荒漠化公约》第七次缔约方会议在肯尼亚首都内罗毕召开。国家林业局副局长李育才在会上发言，介绍了我国防治荒漠化工作的最新形势和采取的一系列政策措施。

10月31日，国家林业局印发《关于进一步加强林业科技工作的决定》（林科发〔2005〕184号）。

11月8日，国家林业局在北京召开全国林业系统防控高致病性禽流感工作电视电话会议，部署候鸟疫源疫病监测防控工作。局长周生贤、副局长雷加富出席会议并讲话。

同日，国家林业局局长周生贤在北京会见了来访的英国环境、食品及乡村事务部部长玛格丽特·贝克特女士一行。双方就林业政策、森林资源管理和木材采购政策、森林执法和行政管理以及濒危野生动植物国际贸易公约等问题交换了意见。同日，在乌干达首都坎帕拉举行的国际《湿地公约》第九届缔约方大会上，中国科学院教授蔡述明荣获湿地科学研究最高奖——拉姆萨尔湿地保护科学奖，成为我国第一位获该奖的科学家。国家林业局副局长赵学敏出席大会。

11月10日，由国家林业局、浙江省人民政府和中国林学会联合主办的"首届中国林业学术大会"在浙江开幕。大会的主题是"和谐社会与现代林业"，国家林业局党组成员、中国林科院院长、中国林学会理事长江泽慧，浙江省副省长茅临生作主题报告。国家林业局党组成员、副局长、中国林学会副理事长张建龙，浙江省委副书记周国富在开幕式上致辞。

11月15日，中国在第九届湿地公约缔约方大会上当选为新一届常务理事会理事国。这是我国自1992年加入湿地公约以来首次当选国际湿地组织的常务理事国。

11月16日，《中华人民共和国国家林业局和大韩民国山林厅关于东北虎繁殖合作的协议》的签字仪式在韩国首都首尔举行。中国国家主席胡锦涛和韩国总统卢武铉出席，中国国家林业局局长周生贤与韩国山林厅厅长曹连焕分别代表两国政府在协议上签字。

11月17日，中国国家林业局局长周生贤在韩国会见韩国国际协力团总裁慎长范，双方就中韩两国在林业领域的合作和交流交换了意见。

11月21日，国家林业局局长周生贤在北京会见来访的缅甸林业部登昂准将，双方就森林防火、森林采伐、林产品贸易等问题交换了意见并达成共识。

11月24日，《刘少奇论林业》正式出版。国家林业局、中共中央文献研究室在北京人民大会堂举行《刘少奇论林业》出版座谈会。全国政协副主席阿不来提·阿布都热西提出席。全国绿化委员会副主任、国家林业局局长周生贤出席座谈会并讲话。局党组成员、中央纪委驻局纪检组组长杨继平主持。

11月29日，国务院办公厅印发《国务院办公厅转发发展改革委等部门关于加快推进木材节约和代用工作意见的通知》（国办发〔2005〕58号）。

11月30日，中共中央决定，贾治邦同志（正部长级）任国家林业局党组书记。12月1日，国务院决定任命贾治邦为国家林业局局长。

12月2日，中国绿化基金会与日本奥伊斯嘉国际组织（OISCA）在北京签署了全面合作伙伴关系备忘录。国家林业局副局长祝列克出席签字仪式并讲话。

12月5日，国家林业局成立"全国野生动植物保护及自然保护区建设工程——兰科植物种质资源保护中心"。

12月8日，国家林业局党组书记、局长贾治邦主持召开各司局、在京直属单位主要负责人会议，传达学习中央经济工作会议精神，部署近期要抓好的林业重点工作。局领导李育才、赵学敏、江泽慧、杨继平、雷加富、祝列克、张建龙出席会议。

同日，国家林业局野生动物疫源疫病监测总站在辽宁省沈阳市挂牌。

12月15日，由商务部主办、国家林业局竹藤网络中心承办、国际竹藤组织协办的"发展中国家竹业可持续发展管理研修班"开班典礼在北京举行。国家林业局党组成员、中国林科院院长、国际竹藤组织董事会联合主席江泽慧，国家林业局副局长张建龙出席开班典礼并讲话。

同日，全国绿化委员会、人事部、国家林业局授予孙建博同志"全国林业系统先进工作者"荣誉称号。

12月19日，国务院印发《国务院批转国家林业局关于各地区"十一五"期间年森林采伐限额审核意见的通知》（国发〔2005〕41号）。同日，最高人民法院审判委员会第1374次会议通过《最高人民法院关于审理破坏林地资源刑事案件具体应用法律若干问题的解释》（法释〔2005〕15号），于2005年12月30日起施行。

12月21日，国家林业局、国家工商行政管理总局发布2005年第5号公告，公告第六批试点使用"中国野生动物经营利用管理专用标识"的企业及其产品。

12月30日，国家林业局发布2005年第6号公告，公告国家林业局林木品种审定委员会审定通过的2005年林木良种目录。

2006 年

1月4日，国务院召开第119次常务会议，决定在伊春开展国有林区林权制度改革试点工作。同日，国家林业局与中国农林水利工会第五次联席会议在北京召开。会议提出完善合作机制，提高合作质量，扩大合作成果，促进林业加快发展。全国总工会副主席、书记处书记苏立清，国家林业局党组成员、中央纪委驻局纪检组组长杨继平出席会议并讲话，副局长雷加富出席会议。

1月7日，国家林业局召开专家咨询委员全体会议。国家林业局局长、专家咨询委员会主任贾治邦提出，要充分发挥专家咨询委员会参谋咨询作用，努力推进新时期林业决策科学化、民主化。国家林业局党组成员、中国林科院院长、专家咨询委员会常务副主任江泽慧主持会议。

1月9日，国家林业局召开全国林业计划财务工作会议，部署"十一五"和2006年林业计划财务工作。国家林业局副局长李育才出席会议并讲话。

1月10日，"全国野生动植物保护及自然保护区建设工程——兰科植物种质资源保护中心"在深圳挂牌成立。国家林业局副局长赵学敏出席仪式并讲话。

1月11~15日，国家林业局局长贾治邦在福建省深入调研集体林权制度改革后强调指出，集体林权制度改革是农村生产力又一次大解放，对推进社会主义新农村建设具有重大现实意义。中共福建省委书记卢展工、省长黄小晶与贾治邦局长交换了意见。国家林业局副局长雷加富，福建省委常委、常务副省长刘德章陪同考察。

1月12日，国家林业局在福州召开南方部分省区森林防火工作座谈会，专题安排部署森林防火工作。贾治邦局长主持座谈会并讲话，雷加富副局长对南方省区森林防火工作作进一步安排部署。

1月17日，国务院副总理回良玉走访吉林省延边朝鲜族自治州林区基层林场，慰问干部职工和森警官兵。国家林业局局长贾治邦、吉林省省长王珉陪同。

2月7日，国家林业局直属机关党的建设和机关建设工作会议在北京召开。会议传达学习了胡锦涛和吴官正同志在中央纪委第六次全会上的重要讲话，总结了2005年机关党的建设、机关建设和反腐倡廉工作，部署了2006年工作任务。国家林业局党组书记、局长贾治邦出席会议并讲话。局党组副书记、副局长李育才主持会议，局领导赵学敏、江泽慧、杨继平、雷加富、祝列克、张建龙出席会议。

2月21~22日，全国林业厅（局）长会议在北京召开。国务院副总理回良玉专门作出批示。贾治邦局长作了题为《坚持以科学发展观统领工作全局，努力把我国林业推向又快又好发展的新阶段》的重要讲话，赵学敏副局长主持会议，局领导李育才、江泽慧、杨继平、雷加富、祝列克、张建龙和武警森林指挥部政委闫文彬出席会议。

2月22日，国家林业局发布2006年第1号公告，公布我国2006年松材线虫病疫区。

2月24日，国家林业局与中国光彩事业促进会在北京召开第三次联席会议。国家林业局党组书记、局长贾治邦，中央统战部副部长、全国工商联党组书记、中国光彩事业促进会副会长胡德平出席会议并讲话。国家林业局副局长赵学敏出席会议。国家林业局党组成员、中央纪委驻局纪检组组长杨继平主持会议。

2月27日，国务院新闻办公室举行新闻发布会，介绍"十五"时期林业建设成就和"十一五"林业发展规划等方面情况，国家林业局贾治邦局长出席并回答记者提问。

3月11日，2006年关注森林活动启动暨全民义务植树运动25周年纪念会在北京举行，全国政协副主席、关注森林活动组委会主任张思卿出席会议并讲话。全国政协人口资源环境委员会主任、关注森林活动组委会副主任陈邦柱作工作报告。全国绿化委员会副主任、国家林业局局长、关注森林活动组委会副主任贾治邦出席会议并讲话，全国政协人口资源环境委员会副主任、国家林业局党组成员、中国林科院院长、关注森林活动组委会副主任江泽慧出席会议。国家林业局党组成员、中央纪委驻局纪检组组长、关注森林活动组委会副主任兼执委会主任杨继平主持会议。

3月15~19日，国家林业局局长贾治邦到浙江省调研林业工作时指出，要遵循林业发展内在规律，大力推进林业现代化建设。调研期间，与中共浙江省委书记习近平、省长吕祖善、常务副省长章猛进交换了意见。国家林业局副局长张建龙、浙江省副省长茅临生陪同调研。

3月17日，国家林业局发布第2号公告，公布我国2006年美国白蛾疫区。

3月25日，由全国绿化委员会、中共中央直属机关绿化委员会、中央国家机关绿化委员会、首都绿化委员会联合组织的"共建绿色家园——共和国部长义务植树活动"在北京举行，180多名部级领导参加了活动。

3月28日，国家林业局印发《关于贯彻〈中共中央国务院关于推进社会主义新农村建设的若干意见〉的实施意见》（林造发〔2006〕50号）。同日，国家林业局2006年度"送科技下乡活动"正式启动，局党组成员、中国林科院院长江泽慧出席启动仪式并讲话，副局长张建龙主持启动仪式。

3月31日，国务院在北京人民大会堂召开全国造林绿化表彰动员大会。国务院副总理、全国绿化委员会主任回良玉出席会议并讲话。全国人大常委会副委员长司马义·艾买提、全国政协副主席李蒙出席会议，国务院副秘书长张勇主持，全国绿化委员会副主任、国家林业局局长贾治邦宣读"全国绿化模范城市、县、单位"表彰决定，副局长李育才、赵学敏、祝列克、张建龙出席会议。同日，国家林业局在北京召开全国林业站工作会议，国家林业局局长贾治邦出席会议并讲话，副局长李育才主持会议，副局长赵学敏宣读表彰决定，局党组成员、中央纪委驻局纪检组组长杨继平，副局长祝列克出席会议，副局长张建龙作报告。

4月1日，党和国家领导人胡锦涛、吴邦国、温家宝、曾庆红、吴官正、李长春、罗干等在北京奥林匹克森林公园参加首都义务植树活动。同日，国务院副总理回良玉到国家林业局森林防火指挥中心看望慰问干部职工，对春防工作做出"五个强化"的重要指示。国家林业局局长贾治邦汇报工作并对贯彻落实回良玉副总理指示提出具体要求。局领导李育才、赵学敏、江泽慧、杨继平、祝列克、张建龙出席。

4月5日，"中国—太平洋岛国经济发展合作论坛·部长级会议"在斐济群岛共和国楠迪举行。国务院总理温家宝，太平洋岛国论坛轮值主席、巴布亚新几内亚总理索马雷出席开幕式并分别发表演讲。国家林业局局长贾治邦发表了题为《携手共建美丽富饶的绿色家园》的演讲。同日，国家林业局副局长雷加富在北京会见国际纸业公司董事长庄华驰先生一行。

4月7日，国家林业局印发《国家林业局 2006 年工作要点》。

4月17日，国家林业局局长贾治邦在北京会见俄罗斯联邦林务局长罗苏普金一行，并签署《中俄林业常设工作组方案》。同日，中俄林业合作联合工作会议在北京召开。国家林业局副局长张建龙、俄罗斯联邦林务局长罗苏普金出席会议，双方就森林防火、病虫害防治、森林资源可持续开发利用、林木遗传育种等方面的合作交换了意见。

4月18～25日，国家林业局局长贾治邦在东北、内蒙古国有林区考察并提出，要建设生态良好、产业发达、职工富裕的新林区。

4月20日，全国重点林区森林防火工作现场会在黑龙江省大兴安岭召开，传达国务院副总理回良玉指示精神，全面部署东北、内蒙古春季森林防火工作。国家林业局局长贾治邦、黑龙江省省长张左己、武警森林指挥部主任韩祥林出席会议并讲话，国家林业局副局长张建龙主持会议。

4月20～21日，由中国林学会、韩国林学会共同主办的"森林在乡村发展和环境可持续中的作用"国际学术研讨会在北京召开。国家林业局副局长李育才致辞，中国林学会理事长、中国林科院院长江泽慧作主题报告。

4月24日，国家林业局副局长赵学敏在北京会见香港特区政府渔农自然护理署署长孔郭惠清一行。双方就湿地保护、濒危物种贸易控制及 CITES 履约等领域进一步开展合作与协调等事宜达成一致意见。

4月28日，国家林业局和四川省人民政府在卧龙自然保护区举行圈养大熊猫"祥祥"野外放归仪式。国家林业局副局长赵学敏出席。

4月29日，国务院总理温家宝签署第 465 号国务院令，公布《中华人民共和国濒危野生动植物进出口管理条例》，自 2006 年 9 月 1 日起施行。同日，国务院总理温家宝专门听取了贾治邦局长关于 2006 年春季沙尘暴情况及林业工作的汇报并作出重要指示：要充分认识林业建设的成绩和问题；坚定不移地深化林业改革；大力加强林业基础设施建设；处理好兴林与富民的关系；高度重视、切实加强森林防火工作；巩固退耕还林成果，稳步推进退耕还林。同日，国家林业局局长贾治邦主持召开全国春季森林防火工作电视电话会议，对春防后期森林防火工作进行全面安排和部署。副局长雷加富就做好下一阶段森林防火工作进行了安排部署。同日，国家林业局印发《国家林业局行政许可违规行为责任追究办法》（林人发〔2006〕78 号）。

5月9日，中共中央宣传部、中央文明办、全国绿化委员会、国家林业局联合召开电视电话会议，对"创绿色家园建富裕新村"行动进行动员部署。国家林业局局长贾治邦作了题为《创绿色家园建富裕新村为建设社会主义新农村作出新贡献》的讲话，副局长赵学敏、祝列克出席会议，局党组成员、中央纪委驻局纪检组组长杨继平主持会议。

同日，国家林业局下发《关于授予龙涛同志"森林卫士"称号的决定》（林安发〔2006〕84 号）。

5月10日，国家林业局召开治理商业贿赂专项工作和警示教育活动部署大会。局长贾治邦出席会议并讲话。局领导李育才、杨继平、祝列克出席会议。

5月11日，国家林业局局长贾治邦签署第20号令，公布《开展林木转基因工程活动审批管理办法》，自2006年7月1日起施行。

5月13～14日，国家林业局与福建省人民政府、中共中央党校、中国人民大学在福建省联合举办全国集体林权制度改革高峰论坛。全国人大常委会副委员长乌云其木格出席论坛并作重要讲话。国家林业局局长贾治邦作了题为《集体林权制度改革给我们的几点启示》的讲话，副局长张建龙出席会议。

5月19日，国家林业局、财政部联合下发《关于做好天然林保护工程区森工企业职工"四险"补助和混岗职工安置等工作的通知》（林计发〔2006〕92号）。

5月22日，国家林业局局长贾治邦在北京会见日本驻华新任特命全权大使宫本雄二先生，双方就两国林业合作及共同感兴趣的问题交换了意见。

5月23日，国家林业局副局长赵学敏在北京会见欧洲议会人民党党团副主席斯蒂安·史蒂文森。双方就野生动物保护事宜交换了意见。同日，国家林业局印发《关于加强派驻森林资源监督机构自身建设的意见》（林资发〔2006〕96号）。

5月28日，中共中央总书记胡锦涛，国务院总理温家宝对黑龙江嫩江县、大兴安岭松岭区和内蒙古免渡河等地发生的森林大火作出重要指示，要求加强领导，统一指挥，科学部署，密切配合，采取有力措施控制火势，尽快扑灭森林大火，务必夺取森林防火灭火工作的全面胜利。

5月29日，国务院副总理回良玉赶赴火灾前线看望慰问扑火人员，指导协调扑火工作。国务院决定成立扑火前线总指挥部，国家林业局局长贾治邦任总指挥，统一指挥扑救工作。同日，国务院办公厅发出《关于成立国家森林防火指挥部的通知》（国办发〔2006〕41号）。国家林业局局长贾治邦担任国家森防指总指挥，国家林业局副局长雷加富、总参作战部部长戚建国和武警部队副司令员梁洪担任副总指挥。

5月29日至6月1日，由《联合国防治荒漠化公约》秘书处、中国国家林业局、意大利国土与环境部、阿尔及利亚国土与环境部共同主办的妇女与防治荒漠化国际会议在北京召开。国务院副总理回良玉出席开幕式并致辞。开幕式前，回良玉会见了《联合国防治荒漠化公约》秘书处执行秘书迪亚洛先生和与会各国部长、政府官员。国家林业局领导贾治邦、李育才、江泽慧、祝列克出席开幕式。

6月1日，国家林业局、贵州省人民政府第六次林业工作联席会议在贵州省毕节市召开。全国人大常委会副委员长、民进中央主席许嘉璐出席会议并讲话。国家林业局副局长赵学敏、贵州省省长石秀诗分别讲话。国家林业局党组成员、中央纪委驻局纪检组组长杨继平，中共贵州省委副书记黄瑶出席会议。

6月6日，党中央、国务院、中央军委发出慰问电，对参加黑龙江、内蒙古3起特大雷击森林火灾扑救的全体参战人员表示慰问。同日，经国务院批准，财政部、国家税务总局联合下发《财政部、国家税务总局关于中国老龄事业发展基金会等8家单位捐赠所得税政策问题的通知》（财税〔2006〕66号），批准中国绿化基金会享受捐资全额免税政策。

6月8～18日，国家林业局副局长张建龙率中国林业代表团访问芬兰和英国。其间，考察了芬兰人工林建设情况，与英国环境、食品和乡村事务部、国际发展部等部门就中英可持续发展框架下林业合作等问题交换了意见。

6月12日，国务院总理温家宝主持召开沙尘暴防治工作专家座谈会。他强调，防沙治沙是一项长期艰巨的历史任务，要抓紧抓好防沙治沙工作，促进经济社会可持续发展。国务院副总理回良玉，国务委员兼国务院秘书长华建敏及有关部门负责人参加座谈会。

6月13日，国家林业局发布第3号公告，公布全国范围内库存的麝香、豹骨、熊胆、羚羊角、甲片、蛇类原材料库存总量清查核实工作安排。

6月17日，"2006年国际防治荒漠化年纪念邮资封"在北京首发。国家林业局副局长祝列克出席首发式并致辞。

6月17~28日，国家林业局局长贾治邦率中国林业代表团访问南非、莱索托。其间，签署了《中国政府与南非政府关于林业合作的谅解备忘录》，正在南非访问的温家宝总理出席了签字仪式；出席了两国首脑参加的"中国—南非商务合作论坛"；会见了南非水利和林业部亨德里克斯部长和莱索托首相莱萨奥·莱霍拉代，并与莱林业部长莫克塞进行了工作会谈。

6月27日至7月2日，国家林业局党组成员、中国林科院院长江泽慧率中国林业科技代表团访问丹麦，出席第二届亚欧城市林业研讨会并以会议联合主席的身份在开幕式上致辞。

6月28日，国家林业局在湖北召开全国林业系统治理商业贿赂工作会议。国家林业局党组成员、中央纪委驻局纪检组组长、国家林业局治理商业贿赂领导小组副组长杨继平出席会议并讲话。

6月29日，治沙富民典型李德平先进事迹报告会在国家林业局举行。国家林业局局长贾治邦出席报告会并在会前会见了报告团全体成员。副局长李育才、赵学敏、雷加富、张建龙参加会见并出席报告会，局党组成员、中央纪委驻局纪检组组长杨继平主持报告会。同日，国家林业局发布2006年第4号公告，公布注销泉州泉美园艺有限公司等6家企业的林木种子经营许可证。

7月3日，国家林业局局长贾治邦在北京会见日本环境省大臣政务官竹下亘与文部科学省大臣政务官吉野正方一行，双方就世界自然遗产保护、野生动植物保护等事宜交换了意见。

7月4日，国家林业局局长贾治邦主持局党组理论学习中心组学习会，学习胡锦涛总书记在庆祝中国共产党成立85周年暨总结保持共产党员先进性教育活动大会上的重要讲话。局领导李育才、赵学敏、杨继平、雷加富、祝列克、张建龙参加学习并发言。

7月11~12日，"十一五"全国林业对口援藏工作会议在西藏林芝召开，国家林业局副局长李育才、西藏自治区政府副主席次仁出席会议并讲话。

7月12日，在立陶宛首都维尔纽斯举行的联合国教科文组织第30届世界遗产大会一致决定，将中国四川大熊猫栖息地作为世界自然遗产列入《世界遗产名录》。

7月13日，国家林业局局长贾治邦在北京会见国际湿地公约秘书长彼得·布里奇华特一行。同日，彼得·布里奇华特向国家林业局副局长赵学敏颁发湿地公约高原湿地保护特别顾问聘书。

7月18日，国家林业局印发《全国林业自然保护区发展规划（2006—2030年）》（林计发〔2006〕141号）。

7月19日，国家林业局副局长李育才率团出席在捷克首都布拉格召开的中捷林业工作组第一次会议开幕式，捷克农业部副部长帕尔夫出席会议。

7月21日，全国林业厅（局）长电视会话会议在北京召开，局长贾治邦作了题为《把握形势，加强领导，狠抓落实》的重要讲话。副局长赵学敏代表局党组总结上半年工作，安排部署下半年工作。局党组成员、中国林科院院长江泽慧通报了7月17日召开的局党组民主生活会情况。局领导杨继平、雷加富、祝列克、张建龙，武警森林指挥部主任韩祥林出席会议。

7月23日，国家林业局副局长祝列克在北京会见马来西亚种植产业与商品部部长拿督陈华贵一行，双方就促进两国林业发展有关问题交换了意见。

7月25日，国家林业局副局长赵学敏在北京会见英国环境、食品及乡村事务部大臣巴里加德纳一行，双方就中英两国生物多样性保护、履行濒危野生动植物物种国际贸易公约等事宜交换了意见。

7月26日，中国银监会和国家林业局联合下发《关于下达天然林保护工程区森工企业金融机构债务免除额（第二批）等有关问题的通知》（银监发〔2006〕57号），免除森工企业金融机构债务8.24亿元。

8月3日，财政部、国家税务总局印发《关于以三剩物和次小薪材为原料生产加工的综合利用产品增值税即征即退政策的通知》（财税〔2006〕102号）。

8月11日，国家林业局副局长雷加富在北京会见国际林联副主席约翰·因斯，双方就加强林业国际合作等事宜交换了意见。

8月15日，国家林业局、财政部、中国银监会联合下发《关于做好天然林保护工程区木材加工等企业关闭破产工作的通知》（林计发〔2006〕159号）。

8月18日，国家林业局召开学习贯彻胡锦涛总书记重要讲话暨学习《江泽民文选》动员部署大会。副局长李育才主持会议，局党组成员、中央纪委驻局纪检组组长杨继平作动员部署。

8月21日，国家林业局副局长雷加富在斯德哥尔摩会晤瑞典林业局局长伊南德。双方互相通报了中、瑞两国林业发展现状及长远规划，就双方在合作《谅解备忘录》框架下进一步密切双方关系，开展实质性合作进行了交流。

8月22日，国家林业局发布第6号公告，公布国家林业局行政许可事项公示内容。

8月23～25日，国务院副总理回良玉到江西省新干县、泰和县等地考察集体林权制度改革情况。

8月25日，全国集体林权制度改革现场经验交流会在井冈山召开。国务院副总理回良玉出席会议并作重要讲话，国家林业局局长贾治邦主持会议，副局长李育才、祝列克、张建龙出席会议。

8月28日，国务院下发《国务院关于深化改革加强基层农业技术推广体系建设的意见》（国发〔2006〕30号）。

8月29日，经中央机构编制委员会办公室批准，北京林业管理干部学院更名为国家林业局管理干部学院。

8月30日，国务院法制办、国家林业局、农业部在北京召开贯彻实施《濒危野生动植物进出口管理条例》座谈会，国家林业局副局长赵学敏主持会议，国家林业局副局长张建龙出席。同日，国家林业局副局长祝列克在北京会见斯洛伐克农业部国务秘书图尔斯基一行和斯洛伐克驻华大使贝尔托克，就加强中斯林业合作等问题交换了意见。

8月31日，国家林业局发布2006年第5号公告，公布《刺五加育苗技术》等43项林业行业标准目录。

9月1日，民政部批准设立中国治理荒漠化基金会。

9月5日，国家林业局党组成员、中国林科院院长江泽慧在北京会见来华访问的日本农林水产省副大臣三浦一水一行，双方就中日林业合作以及植物新品种保护等问题交换了意见。

9月8日，国家林业局与新疆维吾尔自治区党委政府、新疆生产建设兵团在乌鲁木齐召开林业"十一五"援疆工作座谈会。会前，中共中央政治局委员、新疆维吾尔自治区党委书记王乐泉会见贾治邦局长一行。

9月12日，全国秋冬季森林防火工作暨扑火指挥战例研讨会在山西省太原市召开。国家森林防火指挥部总指挥、国家林业局局长贾治邦出席会议并讲话，国家森林防火指挥部副总指挥、国家林业局副局长雷加富主持会议。

9月13日，国家林业局副局长祝列克在北京会见到访的美国林务局安·巴图斯卡副局长一行。双方就中美林业合作交换了意见，并召开了中美林业工作组第三次会议。

9月14～15日，全国林业科学技术大会在北京召开。国务委员陈至立出席会议并讲话。国家林业局局长贾治邦主持会议并在闭幕式上发表讲话。副局长李育才宣读表彰通报。局党组成员、中国林科院院长江泽慧代表局党组作大会主题报告。局领导赵学敏、杨继平、雷加富、祝列克出席会议。

9月16日，全国退耕还林工作会议在北京召开，国家林业局局长贾治邦出席会议并讲话。副局长李育才主持会议，副局长赵学敏、祝列克出席会议。

9月18～30日，国家林业局副局长祝列克率中国林业代表团访问澳大利亚，出席中澳林业工作组第7次会议。

9月19日，国家林业局与山东省人民政府在菏泽市举办"2006中国林产品交易会"，国家林业局副局长李育才出席开幕式并讲话。

9月19～22日，国家林业局局长贾治邦到贵州省毕节地区调研林业工作，中共贵州省委书记石宗源、国家林业局副局长赵学敏，贵州省委副书记黄瑶等一同调研。

9月22日，国家林业局副局长李育才代表国家林业局与25个省（自治区、直辖市）人民政府和新疆生产建设兵团签订 2006 年度退耕还林工程责任书。

9 月 25～26 日，全国林业外经贸工作会议在天津召开。国家林业局副局长李育才出席会议并讲话。

9 月 27 日，由中国绿化基金会、全国绿化委员会、全国政协人口资源环境委员会共同主办的大型社会公益活动"西部绿化行动"在北京启动。中共中央政治局常委、全国政协主席、中国绿化基金会名誉主席贾庆林出席启动仪式并作重要讲话。

9 月 28 日，国家林业局信息化与电子政务工作领导小组第一次扩大会议在北京召开。局长贾治邦出席会议并点击开通改版后的国家林业局政府门户网站和办公系统。局党组成员、中央纪委驻局纪检组组长杨继平主持会议，副局长雷加富出席。

10 月 2～6 日，《濒危野生动植物种国际贸易公约》常委会第 54 次会议上在瑞士日内瓦召开。会议将中国由履约立法二类国家提升为一类国家。

10 月 10 日，国家林业局副局长张建龙在北京会见美国密西根州立大学常务副校长金·威尔克斯先生一行，双方就中美两国在林业可持续发展及生态系统管理等领域开展合作研究进行了会谈，并共同出席国家林业局经研中心与美国密西根州立大学开展合作研究协议签字仪式。

10 月 13 日，国际竹藤组织第五届理事会在北京召开。理事会主席、国家林业局局长贾治邦出席会议并讲话。

10 月 21～22 日，第三届中国城市森林论坛在湖南长沙举行。全国人大常委会副委员长许嘉璐致贺信。全国政协副主席、关注森林活动组委会主任张思卿出席论坛开幕式并讲话。国家林业局副局长赵学敏出席论坛开幕式并讲话。国家林业局党组成员、中央纪委驻局纪检组组长、关注森林活动组委会副主任兼执委会主任杨继平致闭幕词。全国绿化委员会、国家林业局在论坛上授予长沙市"国家森林城市"称号。

10 月 22 日，国家林业局副局长李育才在北京会见世界自然基金会（WWF）总干事詹姆斯·利波一行，双方就进一步加强合作、在中国召开 WWF2007 年内部年会等事宜交换了意见。

10 月 22～23 日，由国家林业局、福建省人民政府、国际竹藤组织联合主办的第五届中国竹文化节在福建省武夷山市举行，全国人大常委会原副委员长布赫出席并宣布竹文化节开幕，国家林业局党组成员、中国林科院院长江泽慧，副局长祝列克，福建省人民政府常务副省长刘德章出席开幕式并致辞。

10 月 23～28 日，国家林业局局长贾治邦率中国林业代表团赴日本访问。其间，出席了第二次中日林业高层定期会晤，与日方就中日双边林业合作和涉及多边林业合作等事宜交换了意见。

10 月 25～27 日，由国务院法制办主办、国家林业局承办的全国农业资源环保法制工作座谈会在北京召开。国务院法制办主任曹康泰、副主任张穹，国家林业局副局长雷加富、张建龙出席会议并讲话。

10 月 27 日，国家林业局与国家环保总局、农业部、国土资源部、国家海洋局、水利部和中国科学院在北京召开全国自然保护区工作会议暨中国自然保护区发展 50 周年纪念大会。中共中央政治局委员、国务院副总理曾培炎会见先进集体、先进个人和会议代表并讲话。国家环保总局局长周生贤、国家林业局副局长赵学敏为中国自然保护区区徽揭牌并讲话。

10 月 28 日，中共中央宣传部、新闻出版总署、国务院台湾事务办公室和国家林业局在北京共同举行《大熊猫——人类共有的自然遗产》一书首发式。国家林业局副局长赵学敏出席首发式并讲话。

10 月 31 日至 11 月 7 日，国家林业局党组成员、中国林科院院长江泽慧率中国林业代表团访问泰国、缅甸。其间，出席泰国 2006 世界园艺博览会开幕式，并代表中国政府将我国在世博会上建造的室外展园——中国唐园捐赠给泰方；会见缅甸林业部部长登昂准将并签署《缅甸联邦林业部与中华人民共和国国家林业局会谈纪要》。

11 月 1 日，国家林业局会同财政部、发展改革委、农业部、税务总局联合下发《关于发展生物能源和生物化工财税扶持政策的实施意见》（财建〔2006〕702 号）。

11 月 1 日至 12 月 31 日，国家林业局开展以打击破坏林地和野生动物资源违法犯罪活动为主要内容的专项行动——"绿盾行动"。

11月3~5日，由国家林业局和安徽省人民政府共同主办的2006中国·合肥苗木花卉交易大会在合肥举办。国家林业局局长贾治邦、副局长祝列克，安徽省省长王金山出席开幕式以及"中国中部花木城"奠基和"安徽三岗国家级苗木花卉交易市场"授牌仪式。

11月13日，国家林业局局长贾治邦签署第21号令，公布《林木种子质量管理办法》，自2007年1月1日起施行。

11月14日，国家林业局党组成员、中央纪委驻局纪检组组长杨继平在北京会见芬兰农业林业部代表团，并出席中芬林业工作组第14次会议纪要签字仪式。同日，国家林业局印发《国家林业局关于贯彻落实〈国务院关于深化改革加强基层农业技术推广体系建设的意见〉的指导意见》（林科发〔2006〕221号）。

11月18日，由国家林业局参与主办的第八届海峡两岸花卉博览会暨农业合作洽谈会在福建漳州举办。中共中央政治局委员、国务院副总理回良玉出席并宣布开幕。全国政协副主席张克辉、国家林业局局长贾治邦出席开幕式。

11月21日，国家林业局印发《中国森林可持续经营指南》（林造发〔2006〕226号）、《森林经营方案编制与实施纲要（试行）》（林资发〔2006〕227号）。

11月28日，全国林业血防工程正式启动。工程建设范围包括湖南、湖北、江西、安徽、江苏、四川和云南7个省的194个县（市），建设期10年。国家林业局副局长祝列克出席启动大会并讲话。

12月5日，国家林业局发布2006年第7号公告，公布注销东方科学仪器进出口集团有限公司等8家企业的林木种子经营许可证。

12月12日，全国绿化委员会和全国人大环境与资源保护委员会在人民大会堂举行纪念全国人大《关于开展全民义务植树运动的决议》颁布25周年座谈会。全国人大常委会副委员长热地作重要讲话，全国绿化委员会副主任、国家林业局局长贾治邦作主题报告。全国绿化委员会办公室副主任、国家林业局副局长祝列克主持会议。国家林业局副局长赵学敏、张建龙出席会议。

12月13日，全国绿化委员会、国家广播电影电视总局、国家林业局、中共中央直属机关绿化委员会、中央国家机关绿化委员会、中国人民解放军环保绿化委员会、首都绿化委员会在北京人民大会堂共同主办纪念全民义务植树运动25周年大型公益文艺晚会。全国人大常委会副委员长成思危，全国政协副主席罗豪才，国家林业局局长贾治邦、副局长李育才、局党组成员、中央纪委驻局纪检组组长杨继平、副局长祝列克出席。

12月21日，中央机构编制委员会办公室批准设立国家森林防火指挥部办公室，与森林公安局合署办公。同日，国家林业局、国家开发银行在北京签订"十一五"期间开发性金融合作协议，国家林业局局长贾治邦和国家开发银行行长陈元出席签字仪式。国家林业局副局长李育才、国家开发银行副行长刘克崮代表双方在协议上签字。

同日，国家林业局印发《国家林业局关于加快森林公园发展的意见》（林场发〔2006〕261号）、《退耕还林工程质量评估办法（试行）》（林退发〔2006〕265号）。

12月25日，国家林业局、福建省人民政府在北京召开深化集体林权制度改革座谈会。国家林业局局长贾治邦，副局长李育才、赵学敏、雷加富、祝列克、张建龙，福建省常务副省长刘德章、副省长张昌平出席会议。

12月27日，国家林业局印发《关于发展油茶产业的意见》（林造发〔2006〕274号）。

12月28日，国家林业局外事工作会议在北京召开。副局长李育才出席会议并讲话。

12月29日，全国人大环境与资源保护委员会、国家林业局在人民大会堂联合召开《防沙治沙法》实施5周年座谈会。全国人大常委会副委员长热地出席会议并讲话，全国人大环境与资源保护委员会主任毛如柏主持会议。国家林业局局长贾治邦出席会议并讲话，副局长祝列克出席会议。

12月31日，国务院办公厅印发《"十一五"期间国家突发公共事件应急体系建设规划》（国办发〔2006〕106号），森林防火、沙尘暴和陆生野生动物突发疫情应急能力建设被纳入该规划。

2007 年

1 月 1 日，《林木种子质量管理办法》开始施行。

1 月 6 日，全国绿化委员会副主任、国家林业局局长贾治邦荣获"2006 中国改革年度人物大奖"。

1 月 11 日，国家林业局、中国石油天然气股份有限公司在北京举行联席会议暨框架协议签字仪式，就发展林业生物质能源开展全方位合作。国家林业局局长贾治邦、中国石油天然气集团公司总经理、中国石油天然气股份有限公司总裁蒋洁敏出席会议并讲话。副局长李育才主持会议，局林木生物质能源领导小组组长、副局长祝列克在协议上签字。局党组成员、中央纪委驻局纪检组组长杨继平，副局长张建龙出席会议。

1 月 19 日，中共中央政治局委员、国务院副总理回良玉在听取国家林业局党组汇报林业工作时指出，2006 年林业发展取得重大进展，林业改革取得重大突破，森林防火取得重要成绩，进一步开创了林业改革与发展的新局面。回良玉强调，要充分认识新时期林业巨大的生态功能，努力加强生态建设和保护，切实担负起促进人与自然和谐发展的神圣使命；要充分认识林业巨大的经济功能，努力保障木材供给和发展林产业，切实担负起促进农民增收、新农村建设和国民经济又好又快发展的光荣任务；要充分认识林业巨大的社会功能，努力增加就业和建设生态文明，切实担负起促进社会和谐、推动社会进步的重要职责。

1 月 19 日，国家林业局局长贾治邦在北京会见日本农林水产省松冈利胜大臣一行。双方就中日林业合作、中日绿化基金合作以及共同关心的有关事宜交换了意见。

1 月 23～24 日，全国林业厅（局）长会议在北京召开。会议的主要任务是，总结 2006 年林业工作，研究全面推进现代林业建设，部署 2007 年林业工作。国家林业局局长贾治邦作题为《坚持科学发展建设现代林业为构建社会主义和谐社会作贡献》的工作报告。副局长李育才，局党组成员、中央纪委驻局纪检组组长杨继平，副局长雷加富、祝列克、张建龙，武警森林指挥部主任韩祥林出席会议。会上，国家林业局授予龙涛"森林卫士"称号；授予刘春京等 26 人"林权制度改革宣传工作贡献奖"；对在营造林质量管理、森林资源保护等方面的先进集体和先进个人进行了表彰。

1 月 26 日，国家林业局直属机关党的建设和机关建设工作会议在北京召开。国家林业局党组书记、局长贾治邦对围绕现代林业建设开展"两建"工作提出明确要求。党组成员、中央纪委驻局纪检组组长杨继平就做好反腐倡廉工作作出安排。局党组成员、副局长雷加富主持会议。局党组成员、副局长、局直属机关党委书记张建龙总结 2006 年直属机关党的建设工作，部署 2007 年工作任务。

2 月 7 日，中国绿化基金会中国艺术家生态文化工作委员会在北京成立。全国人大常委会原副委员长、中国绿化基金会顾问布赫宣布成立，中国绿色发展基金会主席王志宝、国家林业局副局长祝列克分别致辞。

2 月 9 日，国家森林防火指挥部第二次全体会议暨全国森林防火工作电视电话会议在北京召开。中共中央政治局委员、国务院副总理回良玉出席会议并作重要讲话。国家森林防火指挥部总指挥、国家林业局局长贾治邦作工作报告。国家森林防火指挥部副总指挥、国家林业局副局长雷加富主持会议。会议对 2004—2006 年全国森林防火工作先进单位和先进个人进行了表彰。

2 月 11 日，国家林业局与武警部队举行联席会议，研究加强武警森林部队建设、增强维护生态安全能力相关事宜。国家森林防火指挥部总指挥、武警森林部队第一政委、国家林业局局长贾治邦，武警部队司令员吴双战、副司令员梁洪，武警森林部队指挥部政委王长河，国家林业局副局长张建龙出席会议。局党组成员、中央纪委驻局纪检组组长杨继平主持会议。国家森林防火指挥部副总指挥、国家林业局副局长雷加富致辞。

2 月 13 日，国家林业局与中国农林水利工会第六次联席会议在北京召开。国家林业局党组书记、局长贾治邦和全国总工会副主席、书记处第一书记、党组书记孙春兰对继续联合开展工作提出具体要求。国家林业局党组副书记、副局长李育才出席会议，局党组成员、中央纪委驻局纪检组组长杨继平主持会议。

3月1日，国家林业局与全国工商联、中国光彩事业促进会第四次联席会议在北京召开。全国政协副主席、中央统战部部长刘延东出席会议并讲话。会议总结了 2006 年的联合工作，审议通过 2007 年联合工作建议方案。中央统战部副部长、全国工商联第一副主席、中国光彩事业促进会副会长胡德平和国家林业局副局长李育才、祝列克出席会议。局党组成员、中央纪委驻局纪检组组长杨继平主持会议。

3月7日，全国绿化委员会办公室发布《2006 年国土绿化状况公报》。

3月15日，财政部、国家林业局联合出台新修订的《中央财政森林生态效益补偿基金管理办法》（财农〔2007〕7 号）。

3月24日，由全国绿化委员会、中共中央直属机关绿化委员会、中央国家机关绿化委员会、首都绿化委员会联合组织的"共建绿色家园——共和国部长义务植树活动"在北京举行，157 位部级领导参加了活动。

3月26~27日，全国防沙治沙大会在北京举行。中共中央政治局常委、国务院总理温家宝会见与会代表并讲话。中共中央政治局委员、国务院副总理回良玉出席会议并讲话。国务院副秘书长张勇主持会议。全国绿化委员会副主任、中国防治荒漠化协调小组组长、国家林业局局长贾治邦宣读《关于授予王有德全国防沙治沙英雄的决定》。会议结束时，贾治邦作总结发言。国家林业局领导李育才、杨继平、雷加富、祝列克、张建龙出席会议。

3月30日，中共中央政治局委员、国务院副总理、全国绿化委员会主任回良玉出席全国造林绿化电视电话会议并发表重要讲话。全国绿化委员会副主任、国家林业局局长贾治邦向大会汇报了 2006 年国土绿化工作进展情况和 2007 年工作安排。会议表彰了 460 名"全国绿化奖章"获得者。

4月1日，党和国家领导人胡锦涛、吴邦国、温家宝、贾庆林、曾庆红、吴官正、罗干等在北京奥林匹克森林公园参加首都义务植树活动。胡锦涛强调，"保护生态、美化环境，是全面落实科学发展观的必然要求，也是关系人民群众切身利益的一件大事，一定要坚持不懈、年复一年地抓好。我们每一个公民都要把植树造林、绿化祖国作为自己的义务和责任，积极投身全民义务植树活动。"

4月3日，中华人民共和国国际湿地公约履约办公室在北京挂牌成立。国家林业局局长贾治邦出席仪式并揭牌。局领导李育才、雷加富、祝列克出席揭牌仪式。

4月4日，国家森林防火指挥部、国家林业局召开中国森林防火吉祥物启用电视电话会议，国家森林防火指挥部总指挥、国家林业局局长贾治邦宣布，防火虎"威威"为中国森林防火吉祥物，即日起正式启用。

4月5日，国家林业局局长贾治邦在北京会见全球环境基金会主席莫妮卡·芭布女士一行。双方就今后进一步加强合作及其他共同感兴趣的问题交换了意见。

4月5日，国家林业局社会团体工作会议在北京召开。局长贾治邦出席会议并讲话，副局长李育才主持会议，局党组成员、中央纪委驻局纪检组组长杨继平作主题报告，民政部副部长姜力应邀出席会议并作重要讲话。

4月6日，国务院办公厅印发《国务院办公厅关于发布河北塞罕坝等 19 处新建国家级自然保护区名单的通知》（国办发〔2007〕20 号），林业部门新增国家级自然保护区 15 处，从而使林业部门管理的国家级自然保护区达到 213 处，占全国国家级自然保护区数量的 75%。

4月6日，国家林业局与中国粮油食品（集团）有限公司在北京举行合作框架协议签字仪式，共同发展林业生物质能源。国家林业局局长贾治邦、中国粮油食品（集团）有限公司董事长宁高宁出席签字仪式并讲话。

4月8~14日，国家林业局局长贾治邦率中国林业代表团访问韩国。4月10日，贾治邦和韩国环境部长官李圭用签署了《中华人民共和国和大韩民国政府关于候鸟保护的协定》，正在韩国访问的温家宝总理和韩国总统卢武铉出席了签字仪式。4月11~12日，贾治邦拜会了韩国国际协力团总裁慎长范和韩国山林厅长官徐承镇，就进一步加强双边林业交流促进本国林业发展取得了广泛共识，并一致确定森林生态系统保护、荒漠化防治等4个领域为今后两国林业合作的重点领域。访韩期间，中国林业代表团还考察了韩国濒危野生动物保护、森林可持续经营和木材加工等情况。

4月19日，国家林业局局长贾治邦、副局长张建龙率有关司局负责人和部分省林业厅（局）长到辽宁省抚顺市调研集体林权制度改革。4月20日在沈阳召开林改北方片会，局长贾治邦、辽宁省副省长胡晓华、国家林业局副局长张建龙、辽宁省政府副秘书长周立元、国家林业局有关司局负责人及河北、山西、内蒙古、吉林、黑龙江、山东、河南、辽宁等8省（自治区）林业厅（局）长参加会议。

4月26日，中央政府赠港大熊猫"乐乐""盈盈"顺利抵港。

5月2日，国家林业局印发《中国森林防火科学技术研究中长期发展纲要（2006—2020年)》（林科发〔2007〕112号）。

5月9日，第四届中国城市森林论坛在四川省成都市开幕。本届论坛的主题是：科学发展·和谐城乡。全国人大常委会副委员长许嘉璐、全国政协副主席、关注森林活动组委会主任张思卿、全国政协人口资源环境委员会主任、关注森林活动组委会副主任陈邦柱、全国绿化委员会副主任、国家林业局局长、关注森林活动组委会副主任贾治邦出席论坛开幕式并讲话。论坛由陈邦柱主持。党组成员、中央纪委驻局纪检组组长、关注森林活动组委会副主任兼执委会主任杨继平，副局长祝列克出席论坛。成都、包头、许昌、临安4个城市被授予"国家森林城市"称号。

5月10～19日，应缅甸林业部和印度环境与森林部邀请，国家林业局副局长李育才率中国林业代表团一行赴缅甸进行访问。缅甸林业部部长登昂准将在内比都会见了中国林业代表团一行。双方就加强林业合作、边境森林防火、荒漠化防治等议题进行了富有成效的讨论。会后，登昂准将和李育才分别代表两国林业部门签署了会谈纪要。访印期间，印度环境与森林部部长米纳会见代表团一行，双方召开了中印林业工作组第一次会议。

5月12～22日，由中央农村工作领导小组办公室、国家发展改革委、财政部、中国人民银行、国家林业局、国务院研究室等6部门组成的集体林权制度改革调研组，到江西、福建两省就集体林权制度改革情况进行专题调研。调研组分别与江西、福建两省省委、省政府及有关部门举行座谈会，反馈调研情况。国家林业局局长贾治邦出席座谈会并讲话，副局长张建龙出席座谈会并代表调研组反馈调研情况。中共江西省委书记孟建柱，省委副书记、省长吴新雄；中共福建省委书记卢展工，省委副书记、省长黄小晶等出席本省座谈会。

5月13～15日，中共中央政治局委员、国务院副总理回良玉在云南考察，实地了解中央各项强农惠农政策落实情况，就集体林权制度改革进行深入调研。国家林业局局长贾治邦陪同调研。

5月23日，国家林业局局长贾治邦在北京会见英国林业委员会主席大卫·克拉克勋爵一行，双方就两国林业合作及前景交换了意见。当天下午，中英林业工作组第一次会议在北京举行。副局长李育才和英国林业委员会主席大卫·克拉克勋爵出席会议开幕式并分别致辞。与会代表就加强中英两国在造林、人工林经营等方面的合作进行了探讨。

5月25日，《中华大典·林业典》编纂和中国林业史料收集工作在北京启动。这是新中国成立以来林业系统规模最大的两项生态文化工程。国家林业局副局长李育才出席启动会议，局党组成员、中央纪委驻局纪检组组长杨继平部署相关工作。

5月25日，经国务院批准，国家发展改革委和国家林业局等8部（委、局）共同下发《国家文化和自然遗产地保护"十一五"规划纲要》（发改社会〔2007〕1139号），国家级森林公园作为国家文化和自然遗产地列入其中，山西管涔山、广西大瑶山等25处国家级森林公园被列入"十一五"期间国家拟重点支持的遗产地保护名单。

5月29日，国家林业局在陕西省西安市召开西北5省（自治区）及西藏自治区林业厅（局）负责同志集体林权制度改革座谈会。国家林业局局长贾治邦出席会议并讲话。副局长李育才主持座谈会，副局长张建龙传达胡锦涛总书记、温家宝总理、回良玉副总理对集体林权制度改革所作的重要指示和批示精神。陕西省副省长张伟出席座谈会并致辞。

5月30日，秦岭国家植物园项目在陕西省周至县集贤镇举办奠基仪式。国家林业局局长贾治邦，陕西省省长袁纯清，省委副书记王侠，副省长赵德全、张伟，国家林业局副局长李育才、张建龙参加奠基仪式。

6月5日，由国家林业局与世界自然基金会共同举办的"全球生态保护论坛"在北京召开。世界自然基金会总干事杰姆·利浦在开幕式上向中国国家林业局局长贾治邦颁发了"自然保护杰出领导奖"。国家林业局副局长李育才出席"全球生态保护论坛"并发言。

6月5~8日，国家林业局与贵州省人民政府省级联系点第七次会议在贵州省召开。全国人大常委会副委员长、民进中央主席许嘉璐出席会议并讲话，副局长李育才，局党组成员、中央纪委驻局纪检组组长杨继平出席会议。

6月13日，《濒危野生动植物种国际贸易公约》部长级圆桌会议在荷兰海牙召开。国家林业局局长贾治邦出席会议并发表讲话。

6月20日，国务院总理温家宝主持召开国务院常务会议，决定延长退耕还林政策补助期，即现行补助期满后，中央财政再延长一个周期对退耕农户给予适当补助。

6月28日，国家林业局局长贾治邦在北京会见新上任的澳大利亚驻华大使芮捷锐。双方就共同关心的林业及野生动植物保护等问题交换了意见。

6月30日，中央政府赠送香港的一对大熊猫"盈盈""乐乐"首次在香港海洋公园亮相，国务委员唐家璇、国家林业局局长贾治邦出席赠送仪式。

7月12日，中国林学会成立90周年纪念大会在北京人民大会堂举行。中共中央政治局委员、国务院副总理回良玉出席纪念大会并发表重要讲话。全国绿化委员会副主任、国家林业局局长贾治邦致辞。局领导杨继平、雷加富、祝列克、张建龙出席。

7月17日，国家林业局局长贾治邦出席国务院新闻办新闻发布会，就林业在应对气候变化和二氧化碳减排及公众所关心的问题答记者问。副局长祝列克出席。

7月19日，国家林业局召开全国林业厅（局）长电视电话会议，局长贾治邦主持会议并作重要讲话。副局长李育才代表局党组总结上半年林业工作，部署下半年工作。局领导杨继平、雷加富、张建龙、武警森林指挥部主任韩祥林出席会议。

7月20日，中国绿化基金会中国绿色碳基金成立仪式在北京举行。中共中央政治局常委、全国政协主席、中国绿化基金会名誉主席贾庆林出席成立仪式并讲话。全国绿化委员会副主任、国家林业局局长贾治邦主持仪式。

7月27日，国务院在北京召开退耕还林补助政策座谈会，听取有关地方对完善退耕还林补助政策的意见，部署巩固退耕还林成果、解决退耕农户长远生计工作。国务院副总理曾培炎出席会议并作重要讲话。副局长祝列克参加会议并作重要发言。

8月1日，国家林业局局长贾治邦在北京会见美国总统特别代表、财政部长鲍尔森先生，双方就中美林业合作事宜交换了意见。

8月9日，国务院印发《关于完善退耕还林政策的通知》（国发〔2007〕25号）。

8月14日，国家林业局、国家发展改革委、财政部、商务部、国家税务总局、中国银监会、中国证监会7部门联合印发《林业产业政策要点》（林计发〔2007〕173号）。

8月16日，由国家林业局和黑龙江省人民政府共同主办的第三届中国（牡丹江）木业博览会在牡丹江开幕。国家林业局副局长雷加富、黑龙江省副省长刘学良出席开幕式并讲话。本届木博会为期5天，共签订引资项目合同28个，合同金额43.9亿元，其中，外资项目7个，合同金额1.5亿美元，签订产品销售合同3.8亿元人民币和284万美元，现场交易金额875万元。

8月17日，由国家林业局、中国文学艺术界联合会、中国作家协会共同主办的"关注森林——百名文艺家采风活动"在北京启动。国家林业局局长贾治邦出席启动仪式并讲话，局党组成员、中央纪委驻局纪检组组长、中国林业文联主席杨继平主持会议。

8月17~18日，由国家林业局、黑龙江省政府、中共中央党校、中国人民大学共同举办的伊春国有林区林权制度改革试点研讨会在黑龙江省伊春市召开，研讨会主题为"深化伊春国有林权制度改革，促进社会主义新林区建设"。国家林业局副局长雷加富发表主题演讲，黑龙江省副省长刘学良致辞。

8月20日，全国林业产业大会暨中国林业产业协会成立大会在浙江杭州召开。中共中央政治局委员、国务院副总理回良玉为大会发来贺信。全国政协副主席、中国林业产业协会名誉会长王忠禹出席大会并作重要讲话，国家林业局局长、中国林业产业协会会长贾治邦主持会议并作了《坚持兴林富民加快发展步伐努力构建我国发达的林业产业体系》的主题报告；浙江省省长吕祖善向大会致辞；国家林业局副局长李育才传达了回良玉副总理的贺信。国家林业局副局长、中国林业产业协会常务副会长雷加富出席会议并讲话，原林业部部长、中国林业产业协会名誉顾问高德占、徐有芳，国家林业局原局长、中国林业产业协会顾问王志宝，中国林业产业协会名誉顾问江泽慧、马福，国家林业局副局长祝列克、张建龙出席会议。

8月23日，中共湖南省委、省政府和国家林业局在长沙召开座谈会，共同研究湖南林业发展大计。国家林业局局长贾治邦，中共湖南省委书记张春贤、省长周强等出席座谈会。

8月25日，全国退耕还林工作会议在湖南省长沙市召开。会议的主要任务是深入学习贯彻落实《国务院关于完善退耕还林政策的通知》精神，深刻领会党中央、国务院完善退耕还林政策决策的重大意义，总结退耕还林工程建设的经验成效，安排部署当前和今后一个时期的退耕还林工作，表彰为退耕还林事业作出突出贡献的先进典型。国家林业局局长贾治邦，副局长李育才、祝列克出席会议并讲话。湖南省省长周强致辞。

8月25~26日，以"沙漠·生态·新能源"为主题的2007库布其国际沙漠论坛在内蒙古鄂尔多斯市举办。全国人大常委会副委员长乌云其木格，全国政协副主席、中央统战部部长、中国光彩事业促进会会长刘延东出席论坛并讲话。全国政协副主席、中国工程院院长徐匡迪主持论坛开幕式并致辞。国家林业局副局长李育才在开幕式上发言。

8月27日，国家林业局、商务部联合编制的《中国企业境外可持续森林培育指南》正式发布。

8月28日，国家林业局与中国气象局举行林业有害生物监测预报合作签字仪式，国家林业局副局长祝列克、中国气象局副局长许小峰出席签字仪式。

8月30日，中国和巴西两国政府林业主管部门在巴西首都巴西利亚举行第一次工作组会议。中国国家林业局党组成员杨继平，巴西环境部副部长若昂·保罗·里贝罗和巴西林务局局长塔索·阿泽维出席会议并讲话。双方表示要进一步加强和拓展合作领域，相互借鉴经验，积极推进合作工作取得实质进展。

9月3~14日，《联合国防治荒漠化公约》第8次缔约方会议在西班牙召开。国家林业局副局长祝列克率团出席了会议并在高级别论坛发言，祝列克在会议上介绍了我国防治荒漠化现状，强调了防治荒漠化对提高气候变化适应能力、减缓气候变化负面影响的贡献，呼吁国际社会在实施十年战略过程中加大对发展中国家的支持，采取综合手段应对干旱和荒漠化挑战。

9月5日，国家林业局副局长张建龙与德国联邦食品、农业和消费者保护部国务秘书穆勒签署《中华人民共和国国家林业局和德意志联邦共和国食品、农业和消费者保护部关于林业、木材业和野生动物管理合作的协议》。协议确定两国林业部门将在林业、木材业和野生动物的10个专业领域开展广泛合作。

9月5~6日，国家林业局在云南省普洱市召开集体林权制度改革座谈会。国家林业局局长贾治邦，云南省委副书记李纪恒，副省长孔垂柱，国家林业局副局长印红出席会议。来自全国17个省（自治区、直辖市）的林业部门以及国家林业局和直属单位的负责人就全面推动各地林权制度改革进行座谈交流。

9月6日，国家主席胡锦涛和澳大利亚总理霍华德在澳大利亚悉尼出席由中国野生动物保护协会秘书长杨百瑾与澳大利亚阿德莱动物园首席执行官莱斯特签署《中国野生动物保护协会与澳大利亚阿德莱动物园关于合作开展大熊猫保护研究的协议》的仪式。国家林业局副局长李育才签字时在场。根据该协议，中方将向澳方提供一对大熊猫，用于开展为期 10 年的合作研究。

9 月 8 日，国家主席胡锦涛在澳大利亚悉尼召开的亚太经合组织第十五次领导人非正式会议上提议，建立亚太森林恢复与可持续管理网络，提议受到各成员领导人普遍支持，并被纳入悉尼宣言行动计划，这是中国政府首次在国际会议中就应对气候变化提出具体、务实的合作建议。

9 月 8 日，国家林业局贾治邦局长签署国家林业局令第 22 号，发布《林木种质资源管理办法》，该办法自 2007 年 11 月 1 日起施行。

9 月 13 日，由国家林业局主办、中国野生动物保护协会承办的全国野生动植物保护成果展在北京开幕。国家林业局副局长李育才出席开幕式并讲话，副局长张建龙主持开幕式。

9 月 14 日，中国野生动物保护协会第四次会员代表大会在北京召开。国家林业局局长贾治邦出席会议并发表了讲话。王志宝会长全面总结了第三届理事会工作。会议还修改了协会《章程》，选举了以赵学敏为会长的第四届理事会。局领导李育才、杨继平出席会议，张建龙出席会议并讲话。

9 月 17～18 日，全国林业推进新农村建设现场会在湖北省武汉市召开。国家林业局局长贾治邦、湖北省省长罗清泉出席会议并讲话。局领导李育才、杨继平、祝列克及湖北省领导杨松、苗圩、刘友凡、李宪生出席会议。会上，中宣部、中央文明办、全国绿化委员会、国家林业局联合表彰了首批全国"绿色小康县""绿色小康村""绿色小康户"。

9 月 19 日，中欧森林执法和行政管理国际会议在北京召开。中共中央政治局委员、国务院副总理回良玉发表书面致辞，国家林业局局长贾治邦出席会议，副局长李育才就中国的森林执法和行政管理作主题报告。来自 27 个国家、30 多个国际组织的 200 多位代表参加了会议。

9 月 19 日，国家林业局局长贾治邦在北京会见应邀来访的印度尼西亚林业部长卡班一行，双方就进一步加强两国间的林业合作与交流交换了意见。

9 月 26～27 日，关注森林活动总结表彰大会暨全国林业宣传工作会议在北京召开。中共中央政治局常委、全国政协主席贾庆林出席会议并亲切会见会议代表。国家林业局局长、局宣传领导小组组长贾治邦作《深化认识 统一思想 大力推进生态文化体系建设》重要讲话，副局长李育才主持会议，局党组成员、中央纪委驻局纪检组组长、局宣传领导小组副组长杨继平作报告，副局长雷加富、祝列克、张建龙、印红出席会议。

9 月 29 日，国务院任命印红同志为国家林业局副局长。

10 月 1 日，中共中央政治局常委、国务院总理温家宝到甘肃省民勤县考察，深入到腾格里沙漠和巴丹吉林沙漠交会处，察看防沙治沙情况，进入村庄走访农户，与干部群众座谈，研究民勤生态保护、沙漠治理的根本大计。国家林业局局长贾治邦等陪同考察。

10 月 23 日，国家林业局局长贾治邦在北京会见来华访问的荷兰农业、自然及食品质量部部长韦百合女士一行，双方就进一步加强中荷两国在花卉培育、生物多样性及湿地保护等林业领域的合作交换了意见并达成广泛共识。

10 月 25 日，国家林业局和中国科学院联合举办重大工程与生态环境战略研究会，倡议关注重大工程，加强生态建设，促进生态文明。国家林业局副局长李育才作主题发言，副局长祝列克为大会致辞。

10 月 26 日，由国家林业局、浙江省人民政府、国际竹藤组织共同主办的"2007 中国（安吉）竹文化节"在浙江省安吉县开幕。国家林业局副局长祝列克、浙江省副省长茅临生、国际竹藤组织总干事古珍出席开幕式。

10 月 30 日，首届中国——东盟林业合作论坛在广西南宁召开，论坛主题为"中国——东盟林业合作与可持续发展"，论坛讨论通过了《中国——东盟林业合作论坛南宁倡议》。

11 月 1 日，国家林业局、中国生态道德促进会向福建省莆田市授牌"中国生态文明建设湄州岛示范基地"，标志我国第一个海岛生态文明建设示范基地诞生。全国绿化委员会副主任、国家林业局局长贾治邦，福建省委常委、常务副省长张昌平出席授牌仪式。

11 月 2 日，国际竹藤组织和国家林业局在北京举办国际竹藤组织成立十周年纪念活动和竹藤可持续发展论坛。中共中央政治局常委、全国政协主席、中国绿化基金会名誉主席贾庆林出席开幕式并致辞。国际竹藤组织理事会主席、全国绿化委员会副主任、国家林业局局长贾治邦主持会议，副局长李育才、祝列克出席会议。

11月5日，国家林业局局长贾治邦在北京会见韩国山林厅次长李秀华一行，双方就加强中韩林业合作交换了意见。

11月7日，全国防沙治沙现场会在宁夏回族自治区召开。会议的主要任务是，认真总结宣传推广宁夏防沙治沙成功经验，努力实现"沙逼人退"到"人逼沙退"的转变。全国绿化委员会副主任、国家林业局局长贾治邦在会上发表重要讲话并为宁夏"全国防沙治沙综合示范区"授牌。局党组成员、中央纪委驻局纪检组组长杨继平宣读国家林业局关于授予宁夏"全国防沙治沙综合示范区"的决定。

11月8日，中国绿色时报创刊20周年纪念大会在北京召开。国家林业局局长贾治邦出席会议并讲话，局党组成员、中央纪委驻局纪检组组长杨继平主持大会。

11月9日，最高人民检察院、国家林业局第一次联席会议在北京召开。会议审议通过了《关于人民检察院与林业主管部门在查处和预防渎职等职务犯罪工作中加强联系和协作的意见》。最高人民检察院党组成员、副检察长王振川，国家林业局党组成员、中央纪委驻局纪检组组长杨继平出席会议并讲话，副局长雷加富主持会议。

11月12日，国家林业局与新疆维吾尔自治区政府在北京召开林业援疆工作座谈会。国家林业局局长贾治邦出席会议并发表讲话，强调要认真贯彻落实十七大精神和国务院有关精神，全力做好林业援疆工作。新疆维吾尔自治区政府副主席钱智，国家林业局领导杨继平、祝列克出席会议。

11月13~14日，全国森林资源管理工作会议在北京召开。国家林业局局长贾治邦出席会议并讲话，指出森林资源经营管理在林业建设全局中具有十分重要的地位和作用，发展和保护森林资源始终是林业工作的核心任务。局领导杨继平主持会议，雷加富出席会议并讲话。

11月18日，由我国政府提供给日本的两只朱鹮"华阳"和"溢水"在国家林业局专人护送下安全送抵日本。这两只朱鹮是2007年4月温家宝总理访问日本期间，代表中国政府宣布向日本提供的。

12月12~13日，中美第三次战略经济对话在北京举行。中美双方就打击木材非法采伐谅解备忘录进行了磋商共取得原则共识。国家林业局副局长祝列克就非法木材采伐问题发言。

12月20日，2007中国国际林业博览会在北京开幕。中共中央政治局委员、国务院副总理回良玉出席开幕式并宣布博览会开幕。全国政协副主席、中国林业产业协会名誉会长王忠禹出席开幕式并致辞。国家林业局局长贾治邦主持开幕式。局领导李育才、杨继平、雷加富、祝列克、张建龙、印红出席。本次博览会展期4天，展品超过1.5万件，超过10万人参观，签订合作意向730多项金额140多亿元，签订合同40多项金额54亿元。一批参展单位和参展产品分别获得林博会组织奖、设计奖和产品奖。

2008 年

1月5日，中华环保世纪行15周年座谈会暨总结表彰大会在海南省海口市召开。全国人大常委会副委员长热地出席会议并讲话，中共海南省委书记、省人大常委会主任卫留成致辞，国家林业局党组成员、中央纪委驻局纪检组组长杨继平宣读表彰决定。

1月6日，全国林业利用国际金融组织贷款项目管理暨速丰林工程建设工作会议在北京召开。国家林业局副局长张建龙出席会议并讲话。

1月7~11日，国家林业局副局长雷加富率团访问缅甸，出席中国政府向缅甸政府赠送消防车辆和消防设备仪式，并与缅甸林业部就加强双边合作事宜进行会谈，双方一致同意加强沟通与协商，推动双边林业合作备忘录尽快签署，在森林防火、森林可持续经营、野生动植物保护等方面开展合作。

1月9日，国家林业局专家咨询委员会全体会议在北京召开。与会专家共同研商了发展现代林业、建设生态文明问题。贾治邦局长主持会议并讲话，李育才副局长通报林业工作有关情况。

1月10日，中国防治荒漠化协调小组会议在北京召开。会议总结了全国防沙治沙大会精神贯彻落实情况，研究部署了当前和今后一个时期的防沙治沙工作。国家林业局局长贾治邦出席会议并讲话，李育才副局长出席，祝列克副局长主持会议。

1月14~15日，全国林业厅（局）长会议在北京召开。会议的主要任务是以党的十七大精神为指导，贯彻落实中央经济工作会议、中央农村工作会议部署，围绕履行建设生态文明的重大使命，回顾总结林业工作，研究分析林业形势，安排部署林业工作，推进现代林业又好又快发展。国家林业局党组书记、局长贾治邦作了题为《履行建设生态文明重大使命，推进现代林业又好又快发展》的主题报告。局党组副书记、副局长李育才主持会议。局党组成员、副局长雷加富、祝列克、张建龙，副局长印红，武警森林指挥部主任韩祥林出席会议。会议还表彰了全国林业系统先进集体、劳动模范、先进工作者，全国森林资源管理先进单位，"绿盾二号行动"优秀组织单位、先进集体、先进新闻报道单位，全国林政案件管理先进单位和个人。同日，国家林业局发布2008年第1号公告，决定将金森女贞等21个林木品种和陈山林场红心杉母树林种子等13个林木品种确定为林木良种使用。

1月15日，国家林业局在北京召开14省（直辖市）集体林权制度改革座谈会。副局长祝列克、张建龙出席会议并分别讲话。会议要求，要使用好、管理好中央财政先期向14省（直辖市）安排的林改工作经费，全面推进集体林权制度改革。，

1月17日，2008年全国林业计划财务工作会议召开。会前，贾治邦局长作出指示：林业计财工作必须坚持五项原则，要加强沟通、积极争取、统筹兼顾、突出重点、促进发展。祝列克副局长出席会议并讲话。会议总结了2007年的林业计划财务工作，研究部署了2008年的林业计财工作任务。

1月19日，中共中央政治局委员、国务院副总理回良玉在国务院召开的全国农业抗灾减灾和春耕生产工作会议上，对春季植树造林和森林草原防火工作作出重要安排，指出，要切实加强植树造林和森林草原防火，确保完成造林生产任务，确保不发生重大森林草原火灾。

1月21日，关注森林活动组委会2008年主任工作会议召开。会议总结回顾了近5年工作，部署安排了2008年关注森林活动。中共中央政治局常委、全国政协主席贾庆林会前对关注森林活动作出重要批示，指出，"关注森林活动在各方面的积极参与和大力支持下，取得了良好的效果，得到了社会的普遍认同，产生了广泛的影响，希望关注森林活动组委会认真总结经验，创新活动方式，围绕'建设生态文明'这个主题，把关注森林活动持之以恒地开展下去，取得更大的成果。"全国政协副主席张思卿主持会议，全国政协人资环委主任陈邦柱、国家林业局局长贾治邦、国家林业局党组成员、中央纪委驻局纪检组组长杨继平出席会议。同日，国家林业局召开林业有害生物防治工作专家座谈会，听取有关专家对林业有害生物防治工作的意见和建议，共同商讨防治工作对策。李育才副局长出席会议并讲话。

1月22~24日，防治荒漠化国际会议在北京举行。中共中央政治局委员国务院副总理回良玉出席开幕式并致辞。联合国秘书长潘基文为大会发来贺信，联合国主管经济与社会事务副秘书长沙祖康、联合国可持续发展委员会主席弗朗西斯·涅马、联合国防治荒漠化公约执行秘书吕克·尼亚卡贾致辞。国家林业局局长贾治邦主持开幕式，副局长祝列克主持部长级高官会议。与会代表围绕"防治荒漠化，促进可持续发展"主题，进行了广泛交流和深入讨论，形成了5点共识，并原则通过了《北京声明》。本次会议由联合国经济和社会事务部、中国国家林业局共同主办。来自50多个国家和地区、40多个国际机构和国际组织的代表共240余人参加会议。

1月24日，全国湿地与野生动植物保护管理工作会议在北京召开，研究部署当前和今后一个时期的保护工作。国家林业局局长贾治邦主持会议并讲话，局党组成员、中央纪委驻局纪检组组长杨继平出席会议，副局长印红作主题报告。

1月30日，国家林业局发布2008年第2号公告，公告林业有害生物防治标识图案。

2月2日，国家林业局与联合国开发计划署、世界自然基金会、中国科技馆在北京举行第12个"世界湿地日"庆祝活动。全国政协副主席张梅颖、国家林业局局长贾治邦等出席庆祝活动，并为"健康的湿地，健康的人类——湿地科普摄影展"剪彩。国家林业局副局长印红主持庆祝活动，并宣布2008年新指定的6块中国国际重要湿地名单。

2月12日，国家林业局发布《南方雨雪冰冻灾害地区林业科技救灾减灾技术要点》。

2月18日，国家林业局在北京召开全国林业抗灾救灾及林业生产电视电话会议，落实党中央、国务院关于抗灾救灾的一系列部署和指示精神，分析交流全国林业系统抗灾救灾的情况与经验，安排部署林业抗灾救灾、恢复重建和春季林业生产。副局长李育才主持会议，副局长祝列克讲话，副局长张建龙、印红出席会议。同日，国家林业局发布2008年第3号公告，决定将枣实蝇列为全国林业检疫性有害生物。

2月19日，国务院新闻办公室举行新闻发布会。国家林业局副局长祝列克介绍了低温雨雪冰冻灾害对中国林业的影响及林业灾后重建工作的进展情况，并回答了记者提问。

2月25日至3月1日，国家林业局副局长李育才应美国林务局副局长林斯科特邀请赴美国访问。对美国西部林区灾后重建、林业发展在应对气候变化中的作用、林产工业发展等进行考察和交流。并与美国惠好公司签署合作备忘录，促进双方在中国南方省区发展林纸一体化产业合作。

2月26日，国家林业局、中国科学院、国家环保总局协调合作，并组织国内数百名专家历时5年完成的《中国植物保护战略》中英文本正式对外公布。

2月28日，国家林业局直属机关党的建设和机关建设工作会议在北京召开。局党组书记、局长贾治邦出席会议并讲话，局党组成员、中央纪委驻局纪检组组长杨继平对纪检工作提出要求，局党组成员、副局长、局直属机关党委书记张建龙对机关党建工作进行部署。局党组成员、副局长雷加富、祝列克，副局长印红出席会议。同日，国家林业局以林资发〔2008〕37号印发《雨雪冰冻灾害受害林木清理指南》。

2月28~29日，集体林权制度改革国际研讨会在北京召开。会议总结了中国集体林权制度改革的经验和做法，分析了下一步发展方向，推进了林业有关产权和政策方面的国际合作。国家林业局副局长张建龙出席开幕式并讲话。研讨会由国家林业局、世界银行、产权与资源集团和北京大学联合主办。

2月29日，国家林业局召开直属单位计划与资金管理会议，部署了2008年直属单位计划与资金管理工作。祝列克副局长出席会议并讲话。

3月10日，国家林业局、公安部、海关总署、国家工商总局决定，联合开展集中打击破坏野生动物资源违法犯罪行为的"飞鹰行动"。

3月11日，全国绿化委员会、人事部、国家林业局决定，授予安徽省六安市金安区绿化办主任周世友"模范公务员"称号，享受省部级劳动模范和先进工作者待遇。

3月18日，中共中央组织部同意孙扎根同志任国家林业局党组成员。11月1日，国务院任命孙扎根同志为国家林业局副局长。

3月19日，国家林业局以林沙发〔2008〕56号印发《京津风沙源治理工程区人工造林特大灾害损失面积核定办法（试行）》。

3月20日，国务院在北京召开全国森林草原防火工作电视电话会议。中共中央政治局委员、国务院副总理回良玉出席会议并作重要讲话，强调，"要充分认清形势，强化责任落实，采取有力措施，严防重大森林草原火灾发生。"国务院副秘书长张勇主持会议。国家森林防火指挥部总指挥、国家林业局局长贾治邦通报2007年森林防火工作情况，并对2008年的森林防火工作进行了部署。

3月21日，祝列克副局长在北京会见日本小渊基金事务局长梶谷辰哉一行，双方就进一步加强中日民间绿化合作和实施海防林示范项目事宜交换意见。

3月22日，全国绿化委员会、中共中央直属机关绿化委员会、中央国家机关绿化委员会、首都绿化委员会联合组织的"迎奥运，共建绿色家园——共和国部长义务植树活动"在北京举行。172位部级领导参加义务植树活动。

3月24日，经国务院同意，国家发展改革委、国家林业局等6部委局联合印发《岩溶地区石漠化综合治理规划大纲》，并启动岩溶地区石漠化综合治理试点项目。

同日，国家林业局以林护发〔2008〕63号印发《促进野生动植物资源和自然保护区生态系统灾后恢复的指导意见》。

同日，国家林业局发布 2008 年第 5 号公告，决定撤销划定的江苏省苏州市吴中区的松材线虫病疫区。

3 月 25~26 日，国家林业局在湖南省郴州市召开全国林业灾后恢复重建现场会，重点学习贯彻温家宝总理、回良玉副总理对林业抗灾救灾及灾后重建工作的一系列批示指示精神，研究林业恢复重建的措施，部署科技救灾和灾区森林防火工作。贾治邦局长主持会议并讲话，湖南省省长周强出席会议并讲话，国家林业局副局长李育才就科技救灾和技术服务作书面讲话，副局长雷加富就灾后森林防火工作作出部署，副局长祝列克作主题报告。

3 月 25~28 日，应中国国家林业局邀请，俄罗斯林务局副局长吉里亚耶夫·米哈伊尔一行来华访问。李育才副局长在北京会见了吉里亚耶夫一行，双方探讨了召开中俄林业工作组第 6 次会议的具体事宜，并就促进中俄森林开发长期合作交换了意见。3 月 26 日，中国国家林业局与俄罗斯林务局、世界自然基金会、森林趋势在北京共同召开中国—俄罗斯森林开发和木材加工投资政策咨询暨培训会议。

3 月 27 日，贾治邦局长在深入湖南省郴州市灾区林场、林农考察灾情后，在长沙市与中共湖南省委书记张春贤共同探讨林业灾后重建和集体林权制度改革、大力发展油茶产业等林业大计问题。祝列克副局长陪同。

3 月 28 日，国家林业局与中华全国总工会在北京召开第 7 次联席会议，总结了 2007 年的联合工作，并审议通过了 2008 年联合工作建议方案。国家林业局党组成员、中央纪委驻局纪检组组长杨继平和中华全国总工会副主席、书记处书记倪健民出席会议并分别讲话。

3 月 31 日，中共中央政治局委员、国务院副总理回良玉听取了国家林业局局长贾治邦、副局长李育才关于当前林业重点工作情况的汇报，强调，国家林业局党组认真贯彻落实党中央、国务院的各项部署，抓工作很主动、很务实、很有成效，要继续按照已作出的林业工作部署，突出抓好四个重点：抓好灾后林业恢复重建，抓好集体林权制度改革，抓好森林资源保护，抓好林业产业发展和森林经营，要有新突破、新举措、新成效。

同日，国家林业局发布 2008 年第 6 号公告，公布《森林生态系统服务功能评估规范》等 48 项林业行业标准目录。

4 月 2 日，国家森林防火指挥部、国家林业局在北京召开全国森林防火工作电视电话会议，分析通报森林火险形势，对春防紧要期特别是清明节期间的森林防火工作进行再动员再部署再落实。国家森林防火指挥部总指挥、国家林业局局长贾治邦出席会议并讲话，副总指挥、副局长雷加富主持会议。武警森林指挥部主任韩祥林出席会议。

4 月 3 日，全国绿化委员会第 26 次全体（扩大）会议暨造林绿化表彰大会在北京召开。中共中央政治局委员、国务院副总理回良玉出席会议并作重要讲话，强调指出：搞好国土绿化，建设生态文明，是时代赋予全社会的光荣使命。国务院副秘书长张勇主持会议，国家林业局局长贾治邦通报了 2007 年国土绿化工作进展情况和 2008 年国土绿化工作安排意见，国家发展改革委副主任杜鹰、国家林业局副局长李育才分别宣读表彰决定。

4 月 4 日，中国绿化基金会绿色碳基金北京房山碳汇造林项目启动。国家林业局副局长祝列克和北京市副市长牛有成出席启动仪式并讲话。

4 月 5 日，党和国家领导人胡锦涛等在北京奥林匹克森林公园参加首都义务植树活动。胡锦涛强调，"全民义务植树活动，是动员全社会参与生态文明建设的一种有效形式。我们今天多种一棵树，祖国明天就会多添一片绿。全国人民持之以恒地开展植树造林，我国生态环境就一定能够不断得到改善。"

4 月 7~8 日，全国林业系统党风廉政建设工作会议在海南省海口市召开。国家林业局党组成员、中央纪委驻局纪检组组长杨继平出席会议并讲话。

4 月 8 日，祝列克副局长在北京会见澳大利亚农渔林业部长贝克。双方就中澳林业合作、亚太森林恢复与可持续管理网络、森林认证、禁止非法采伐等事宜交换了意见。

4 月 9 日，温家宝总理主持召开国务院常务会议，研究部署集体林权制度改革工作，审议并原则通过《中共中央国务院关于全面推进集体林权制度改革的意见》。

同日，中德技术合作"中国森林可持续经营政策与模式"项目在北京启动。项目实施旨在通过提供能力建设、技术资源和手段，促进中国森林政策目标与国际森林可持续经营原则和标准接轨。国家林业局副局长雷加富出席启动仪式并致辞。

4月10日，国家林业局在北京召开美国白蛾防治工作会议，部署美国白蛾防治工作，与北京、天津、河北、辽宁、山东、陕西6省（直辖市）政府签订防治责任书。贾治邦局长出席会议并讲话，指出：必须从维护国家生态安全、实现绿色奥运目标的高度，充分认识做好美国白蛾防治工作的重要意义，确保2008年美国白蛾防治任务圆满完成。李育才副局长主持会议。

4月17日，中共中央总书记胡锦涛主持召开中央政治局常委会，研究部署全面推进集体林权制度改革工作。

4月22~23日，全国沿海防护林体系建设工程启动大会在辽宁省大连市召开。国家林业局副局长李育才出席会议并讲话，副局长祝列克主持会议。辽宁省副省长陈海波出席会议并致辞。会议对全国沿海防护林体系建设工程作出了进一步部署，表彰了在沿海防护林建设中作出突出贡献的49个先进单位和81名先进个人。

4月24日，国家林业局局长贾治邦在北京会见欧盟环境委员会委员斯达夫洛斯·迪马斯先生一行。双方就国际林业热点问题交换了意见，探讨了在气候变化、森林可持续经营和森林执法与行政管理等方面的合作。

4月28日，中共中央总书记胡锦涛主持中央政治局会议，研究部署推进集体林权制度改革。会议认为，集体林地是国家重要的土地资源，是林业重要的生产要素，是农民重要的生活保障。实行集体林权制度改革，在坚持集体林地所有权不变的前提下，依法将林地承包经营权和林木所有权承包和落实到本集体经济组织的农户，确立农民作为林地承包经营权人的主体地位，对于充分调动广大农民发展林业生产经营的积极性，促进农民脱贫致富，推进社会主义新农村建设，建设生态文明，推动经济社会可持续发展，具有重大意义。会议指出，集体林权制度改革，是农村生产关系的一次变革，事关全局，影响深远。必须坚持农村基本经营制度，确保农民平等享有集体林地承包经营权；坚持统筹兼顾各方利益，确保农民得实惠、生态受保护；坚持尊重农民意愿，确保农民的知情权、参与权、决策权；坚持依法办事，确保改革规范有序；坚持分类指导，确保改革符合实际。各地区各部门要切实加强组织领导，在认真总结试点经验的基础上，依法明晰产权、放活经营、规范流转、减轻税费，全面推进集体林权制度改革，逐步形成集体林业的良性发展机制，实现资源增长、农民增收、生态良好、林区和谐的目标。

4月30日，国家林业局以林办发〔2008〕95号印发《国家林业局政府信息公开指南》及《国家林业局政府信息2003年至2007年面向社会公开目录》。

5月3~15日，国家林业局副局长祝列克率中国林业代表团，出席在联合国总部举行的联合国可持续发展委员会第16次会议并发言。5月9日，祝列克应美方邀请，赴华盛顿分别访问美国财政部和国务院。祝列克会见了美国财政部部长鲍尔森，双方就中美高层经济战略对话10年框架下有关内容的合作交换了意见。与美国国务院助理国务卿麦克默瑞签署了《中华人民共和国政府和美利坚合众国政府关于打击非法采伐和相关贸易的谅解备忘录》，并就下一步工作交换了意见。

5月6日，人力资源和社会保障部印发《关于批准国家林业局防治荒漠化管理中心、国有林场和林木种苗工作总站、林业工作站管理总站、西北华北东北防护林建设局参照公务员法管理的函》，至此，国家林业局参照公务员法管理的单位已达到21个，编制总数为555名。

5月7日，国家林业局副局长雷加富在北京会见韩国防灾协会会长朴庆夫一行。双方表示，积极开展防沙治沙、森林防火、森林病虫害防治等方面的合作与交流，以应对东北亚区域的林业灾害威胁。

5月12日，四川省汶川县发生强烈地震。国家林业局立即召开会议，研究部署四川汶川抗震救灾工作，要求尽最快速度、采取最得力措施，全力抢救自然保护区人员，并千方百计救助大熊猫等濒危动物。受贾治邦局长委派，印红副局长当日即赶赴四川协助当地救灾。同日，国家林业局和黑龙江省人民政府在哈尔滨市召开伊春林权制度改革试点第 4 次局省联席会议,研究部署改革试点总结工作。国家林业局副局长雷加富、黑龙江省副省长黄建盛出席会议并讲话。同日,国家林业局与世界银行在北京联合召开中国木材安全与林产品贸易全球化国际研讨会。祝列克副局长出席研讨会并致辞。

5 月 19 日,国家林业局党组召开扩大会议,研究部署下一步林业抗震救灾工作,要求全力救助受灾人员和国宝大熊猫。国家林业局党组书记、局长贾治邦主持会议,局领导李育才、杨继平、雷加富、祝列克、张建龙、孙扎根同志出席会议。

5 月 21 日,国家林业局决定,追授四川省汶川县卧龙特别行政区森林公安局副局长王刚"森林卫士"称号。

5 月 27 日,全国平原林业建设现场会在河南省郑州市召开。国家林业局局长贾治邦出席会议并讲话,副局长李育才主持会议,河南省副省长徐济超、国家林业局副局长印红出席会议。同日,国家林业局副局长张建龙在北京会见以联合国粮农组织驻华代表赛奇托莱女士为团长的驻华使节赴"三北"地区联合考察团一行。

5 月 30~31 日,国家林业局、教育部、中华全国总工会、共青团中央在广州市举办中国生态文明高层论坛。全国人大常委会副委员长乌云其木格出席开幕式并讲话。广东省委常委、广州市委书记、市人大常委会主任朱小丹出席欢迎宴会并致辞。广东省副省长李容根在开幕式上致辞。国家林业局党组成员、中央纪委驻局纪检组组长杨继平,国家林业局党组成员、副局长张建龙出席论坛并讲话。

6 月 1 日,国家林业局、商务部联合制定的《中国企业境外可持续森林培育指南》中英文版正式出版发行。

6 月 5 日,国务院办公厅以国办发〔2008〕43 号印发《国务院办公厅关于调整全国绿化委员会组成人员的通知》。

6 月 8 日,中共中央以中发〔2008〕10 号印发《中共中央国务院关于全面推进集体林权制度改革的意见》。

6 月 9 日,由民进中央、国家林业局、贵州省人民政府联合举办的中国(毕节)石漠化治理与生态文明高层论坛在贵州省毕节市举行。全国人大常委会副委员长、民进中央主席严隽琪,全国政协副主席、民进中央常务副主席罗富和,国家林业局党组成员、中央纪委驻局纪检组组长杨继平,国家林业局党组成员、副局长祝列克出席论坛并分别讲话。

6 月 13 日,中国国家林业局、美国国务院和贸易代表办公室联合举办的中美打击非法采伐及相关贸易双边论坛第一次会议在美国华盛顿召开。中国国家林业局副局长祝列克和美国助理国务卿麦克默里出席会议并分别讲话。

6 月 17~20 日,国家林业局副局长李育才应蒙古国林业局邀请赴蒙古国访问。在蒙期间,李育才会见了蒙古国自然环境部部长石勒格丹巴、蒙古国林业局局长图格拉格女士,考察了蒙古国林业研究中心和苗圃。6 月 19 日,李育才与蒙古国自然环境部国务秘书钢图勒嘎签署《中华人民共和国国家林业局与蒙古国自然环境部关于林业合作的谅解备忘录》,双方同意在荒漠化防治、抗旱树种造林、边境治沙造林和野生动物保护等领域开展合作。正在蒙古国访问的中国国家副主席习近平、蒙古国总理巴雅尔出席签字仪式。

6 月 25 日,国家林业局发布 2008 年第 11 号公告,决定对国务院有关部门所属在京单位从国外引进林木种子、苗木检疫审批中申请人需提交的材料等内容进行修改。

同日,李育才副局长代表国家林业局与 25 个省(自治区、直辖市)人民政府和新疆生产建设兵团在北京签订 2008 年度退耕还林工程责任书。

6 月 26 日,经国务院、中央军委批准,武警福建省森林总队、甘肃省森林总队和森林指挥部机动支队分别在福州、兰州和北京挂牌成立。

同日,国家林业局与北京市人民政府在北京举行八达岭碳汇造林暨中国绿化基金会绿色碳基金北京专项启动仪式。主题是"参与碳汇造林,奉献绿色奥运。"中共中央政治局委员、北京市委书记刘淇,全国绿化委员会副主任、国家林业局局长贾治邦，北京市市长郭金龙和国际环保组织代表欧达梦出席启动仪式。

6月30日，国家林业局党组召开专题会议，部署林业建立健全惩治和预防腐败体系工作。国家林业局党组副书记、副局长李育才主持会议，局党组成员、中央纪委驻局纪检组组长杨继平讲话。

7月1日，国家林业局副局长祝列克在北京会见美国助理国务卿麦克默里，双方就中美能源和环境10年合作框架下开展自然保护区和湿地生态系统保护合作事宜进行了磋商。

7月10日，国务院办公厅以国办发〔2008〕93号印发《国务院办公厅关于印发国家林业局主要职责内设机构和人员编制规定的通知》。规定：国家林业局设11个内设机构（副司局级），包括办公室、政策法规司、造林绿化管理司（全国绿化委员会办公室）、森林资源管理司（木材行业管理办公室）、野生动植物保护与自然保护区管理司、农村林业改革发展司、森林公安局（国家森林防火指挥部办公室）、发展规划与资金管理司、科学技术司、国际合作司（港澳台办公室）和人事司。机关行政编制292名。国家林业局增设国家森林防火指挥部专职副总指挥1名，总工程师1名。

7月14～18日，在瑞士日内瓦召开的濒危野生动植物种国际贸易公约（CITES）常委会第57次会议，正式批准中国成为南部非洲4个国家库存的108吨象牙的贸易国。这是1989年CITES各缔约国明令禁止大象及其衍生品（包括象牙）国际贸易后，首次允许中国进口非洲野生象牙。

7月28日，全国林业厅（局）长电视电话会议在北京召开。国家林业局局长贾治邦主持会议并作重要讲话。副局长祝列克代表局党组作主题报告。局领导李育才、杨继平、印红、孙扎根出席会议。

8月1日，国家林业局局长贾治邦签署第25号令，公布《林业行政许可听证办法》，自2008年10月1日起施行。

8月22日，国家林业局发布2008年第12号公告，决定将岑软2号等29个油茶品种和认定通过的湘林51等3个油茶品种确定为林木良种使用。

8月25日，在国家主席胡锦涛和韩国总统李明博的见证下，国家林业局副局长李育才与韩国环境部副部长李炳旭签署了《中华人民共和国国家林业局与韩国环境部关于中国赠送朱鹮以及朱鹮繁殖与种群重建合作的谅解备忘录》。根据备忘录，中方向韩方赠送一对朱鹮，并开展朱鹮繁殖与种群重建方面的合作。

9月3日，国家林业局发布2008年第13号公告，公布《荒漠生态系统定位观测技术规范（LY/T1752—2008）等82项林业行业标准，自2008年12月1日起施行。

9月11～12日，全国油茶产业发展现场会在湖南省长沙市召开。中共中央政治局委员、国务院副总理回良玉出席会议并讲话。中共湖南省委书记张春贤致辞。国家林业局局长贾治邦作主题报告，对油茶产业发展工作进行了部署。国家发展改革委、科技部、财政部、国务院研究室、国家粮食局、国家开发银行、国务院扶贫办等部委领导出席会议。

9月17～18日，国家森林防火指挥部、国家林业局在福建省厦门市召开全国秋冬季森林防火工作会议。国家森林防火指挥部总指挥、国家林业局局长贾治邦出席会议并讲话，副局长李育才主持会议。

9月18～20日，国家林业局和安徽省人民政府、德国复兴发展银行主办的森林可持续经营国际会议在安徽省黄山市举行。国家林业局副局长祝列克，安徽省委常委、副省长赵树丛，德国复兴发展银行亚洲自然资源局长马肯森博士出席会议并分别致辞。来自德国、瑞典、日本、中国和有关国际组织的数十位专家及国内17个省、自治区、直辖市的170余位代表参加了会议，并实地考察了歙县森林可持续经营现场。

9月19～22日，国家林业局和山东省人民政府主办的第五届中国林产品交易会在山东省菏泽市中国林展馆举行，上千家国内外生产商及采购商参展。国家林业局副局长张建龙、山东省副省长贾万志出席开幕式并致辞。

9月21日，首届中国枣业大会暨第一届国际枣属植物研讨会在河北省保定市举行。来自印度、伊朗、匈牙利、捷克、美国、巴西等主要产枣国和中国主要产枣省份的科技、企业、政府等方面的代表共

300 多人参加了会议。国家林业局副局长李育才，河北省委常委、统战部部长刘永瑞出席会议并分别致辞。

9 月 22~23 日，全国国有林场森林经营研讨会在山东省淄博市举行。国家林业局副局长张建龙出席会议并讲话。

9 月 25 日，亚太森林恢复与可持续管理网络和网络网站在北京启动。国家林业局局长贾治邦出席启动仪式并开通亚太森林恢复与可持续管理网络网站，副局长祝列克主持启动仪式。澳大利亚农渔林业部林业司司长约翰·塔尔博特、美国国务院生态与自然资源办公室司长史蒂芬尼·卡斯威尔、亚太经合组织秘书处执行主任胡安·卡洛斯·卡普尼亚伊、中国外交部部长助理刘结一、中国气象局副局长沈晓农等出席启动仪式并分别致辞。

9 月 26 日，国家林业局副局长李育才在北京会见 2008 年度国家"友谊奖"获得者、原中日林业生态培训项目首席顾问宇津木嘉夫。

9 月 27 日，国家林业局党组召开局直属机关深入学习实践科学发展观活动动员部署大会。局党组书记、局长贾治邦作动员报告，局党组副书记、副局长李育才主持会议，局领导杨继平、张建龙、印红、孙扎根同志出席会议。

同日，全国集体林权制度改革厅（局）长座谈会在北京召开。国家林业局局长贾治邦出席会议并讲话，副局长张建龙主持会议，局党组成员孙扎根出席会议。

9 月 28 日，北京大学、国家林业局联合主办的集体林权制度改革论坛在北京大学光华管理学院举行。国家林业局局长贾治邦出席论坛并发言，北京大学光华管理学院名誉院长厉以宁教授作主题报告。国家林业局副局长张建龙、局党组成员孙扎根出席论坛。

10 月 8 日，中国生态文化协会在北京成立。中共中央政治局常委、全国政协主席贾庆林致信祝贺，中共中央政治局委员、国务委员刘延东出席成立大会并致辞，全国人大常委会副委员长路甬祥、全国政协副主席孙家正为中国生态文化协会揭牌。国家林业局副局长祝列克、张建龙、印红，局党组成员孙扎根出席成立大会。

10 月 10 日，国家林业局副局长祝列克在北京会见美国财政部执行秘书长泰亚·史密斯女士一行。双方就中美战略经济对话第 5 次会议的全球森林可持续经营、打击非法采伐和相关贸易等问题交换了意见。

10 月 16 日，国家林业局林产工业规划设计院建院 50 周年庆祝大会在北京举行。国家林业局局长贾治邦，副局长李育才、祝列克，局党组成员孙扎根到会表示祝贺。

10 月 24 日，国家林业局副局长祝列克在北京会见世界自然基金会董事会主席艾米科·安尤库一行。双方就签署中国国家林业局与世界自然基金会合作机制、开展中长期合作战略规划等交换意见。同日，国家林业局会同环境保护部、农业部、水利部汇总完成了《汶川地震灾后恢复重建生态修复专项规划》，国家发展改革委和国家林业局联合环境保护部、农业部、水利部，以发改厅〔2008〕2691 号印发，作为国家汶川地震灾后恢复重建的 10 个专项规划之一。

10 月 27 日，应对全球变化的林业科学研究国际研讨会暨中国林业科学研究院建院 50 周年庆祝大会在北京举行。中共中央政治局委员、国务院副总理回良玉致信祝贺，全国政协副主席罗富和，国家林业局局长贾治邦出席活动并致辞，副局长李育才主持，局党组成员杨继平、孙扎根出席。

10 月 28 日，国家林业局发布 2008 年第 15 号公告，公布临床使用天然麝香、熊胆、赛加羚羊角、穿山甲片、稀有蛇类各类原材料的定点医院名单。名单所列定点医院需要购买上述原材料临床使用的，按国家和地方有关行政许可的规定申报；各级林业主管部门不得批准向非定点医院销售相应的野生动物原材料。

10 月 29 日，《中国应对气候变化的政策与行动》白皮书正式对外发布。白皮书全面介绍了气候变化对中国的影响、中国减缓和适应气候变化的政策与行动，以及中国对此进行的体制机制建设，充分肯定了植树造林对控制温室气体排放、提高适应气候变化能力的作用。

11月3日，国家林业局局长贾治邦在北京会见芬兰环境部长保拉·莱赫托迈基女士一行。双方就国际森林问题交换了意见，表示进一步加强交流与沟通，共同推动中芬林业合作向纵深发展。

11月4日，国家林业局副局长祝列克访问阿根廷，与阿根廷农牧渔业和食品国务秘书处国务秘书卡洛斯·切比签署《中华人民共和国国家林业局和阿根廷农牧渔业和食品国务秘书处关于林业合作的谅解备忘录》。

11月6日，中国改革开放30周年成就巡礼暨改革之星颁奖典礼在北京举行。全国人大常委会副委员长周铁农出席典礼，并为获奖者颁奖。国家林业局局长贾治邦获"影响中国改革30年·30人"荣誉称号。

11月6~7日，国家林业局和财政部共同举办的综合生态系统管理理念与应用国际研讨会在北京召开。国家林业局副局长李育才、财政部部长助理张通出席会议并致辞。

11月6~9日，国家林业局和福建省人民政府共同举办的第四届海峡两岸林业博览会在福建省三明市举行。全国政协副主席、台盟中央主席林文漪，福建省委书记、省人大常委会主任卢展工，国家林业局副局长张建龙，福建省常务副省长张昌平，海协会副会长王富卿等出席开幕式；张建龙、张昌平分别致辞。

11月11日，国家林业局在陕西省西安市召开西北地区集体林权制度改革工作座谈会。贾治邦局长出席会议并讲话，指出，"西北地区是我国生态最脆弱的地区，集体林权制度改革必须坚持有利于生态建设，有利于农民致富。"张建龙副局长主持会议。

11月12日，国务院第35次常务会议听取并原则同意雨雪冰冻和地震灾后林业生态恢复重建政策措施等有关问题的汇报，确定组织编制《雨雪冰冻灾后林业生态恢复重建规划》，按程序报国务院审批，明确了灾后林业生态恢复重建的各项政策。

同日，国务院审议通过雨雪冰冻灾后林业生态恢复措施，明确规定"对林木良种繁育给予适当支持"和"建立政策性森林保险制度"等林业政策。

11月17日，国家林业局发布2008年第16号公告，决定撤销划定的陕西省兴平市美国白蛾疫区。

11月17~18日，关注森林活动组委会主办，国家林业局、广东省人民政府、经济日报社联合举办的第五届中国城市森林论坛在广州市举行。这次论坛的主题是"城市森林与生态文明"。中共中央政治局委员、全国政协副主席王刚发来贺信，全国政协副主席阿不来提·阿不都热西提出席论坛并致辞，国家林业局局长贾治邦，局党组成员、中央纪委驻局纪检组组长杨继平出席论坛并发言。

11月19日，国家林业局以林计发〔2008〕232号印发《防护林造林工程投资估算指标（试行）》。

11月22日，国家主席胡锦涛在秘鲁首都利马召开的亚太经济合作组织第16次领导人非正式会议上发表题为《坚持开放合作，寻求互利共赢》的重要讲话。在谈到应对全球气候变化时，胡锦涛指出，"各方应该根据《联合国气候变化框架公约》及其《京都议定书》的要求，遵循共同但有区别的责任原则，积极落实'巴厘路线图'谈判，并结合自身情况采取有效的政策措施减缓气候变化。森林保护是应对气候变化合作的重要内容。去年，我提出了建立亚太森林恢复与可持续管理网络的倡议。在各方共同努力下，这一网络已在北京正式启动。中国政府将在未来几年内为该网络运行提供一定的专项资金，希望各方积极支持和参与。"

11月25~28日，应日本农林水产省林野厅长官邀请，国家林业局局长贾治邦率团访问日本。其间，与日本农林水产省林野厅长官内藤邦男举行第4次林业高层定期会晤，就两国林业相关政策、气候变化、中日林业领域合作以及共同关心的问题进行深入交流和磋商并达成广泛共识。代表团还考察了新潟县佐渡市的朱鹮保护中心、京都日吉町森林组合、日本阪神地震林业灾后恢复重建，以及神户王子动物园中日大熊猫合作研究等情况。

11月28日，国家林业局召开中央新增林业投资项目资金监督检查动员部署会，落实中央扩大内需、促进经济平稳较快增长的决策部署。会议决定对新增林业投资项目和资金运行采取驻地监督检查和派工作组稽查相结合的方式强化监管，确保中央扩大内需、促进经济增长目标实现。局党组成员、中央纪委驻局纪检组组长杨继平出席会议并讲话，局党组成员、副局长祝列克主持会议。

11月29日至12月5日，应印度尼西亚林业部和马来西亚自然资源和环境部邀请，国家林业局局长贾治邦率团对两国进行工作访问。其间，贾治邦局长分别会见印度尼西亚林业部部长卡班、农业部常务副部长姆杨托和马来西亚种植与原产业部部长拿督陈华贵，就加强中印、中马林业合作，特别是木本油料植物的种植、科研、加工、贸易等情况交换了意见。代表团还考察了两国的油棕林、科研机构、棕榈油加工厂等。

12月1日，新修订的《森林防火条例》以国务院令第541号公布，自2009年1月1日起施行。

12月4~5日，中美战略经济对话第5次会议在北京举行。国家林业局副局长祝列克出席会议，并在加强能源和环境合作专题会议上发言。

12月6日，国家林业局和美国国务院、贸易代表办公室共同举办的木材和木材产品贸易政策国际研讨会在北京召开。国家林业局副局长祝列克出席会议并致辞。

12月16日，国家林业局与湖北省人民政府签署备忘录，投资405亿元，合作建设武汉城市圈国家现代林业示范区。国家林业局局长贾治邦与湖北省省长李鸿忠签署备忘录，中共湖北省委书记、省人大常委会主任罗清泉，国家林业局副局长张建龙出席签字仪式。

同日，国家林业局和北京市人民政府共同举办的林业碳汇与生物质能源国际研讨会在北京开幕。国家林业局副局长李育才和北京市副市长赵凤桐出席会议并致辞，国家林业局副局长祝列克主持开幕式。同日，中共中央组织部任命陈述贤同志为中央纪委驻国家林业局纪检组长、国家林业局党组成员。

12月18日，为配合中美建交30周年，中国野生动物保护协会、圣地亚哥动物园大熊猫保护与合作研究项目延期签字仪式在美国圣地亚哥市举行。双方签署的新协议同意大熊猫"高高""白云"在美承担合作研究任务延期5年到2013年。

12月22日，全球金融风暴对中国林业产业的影响与对策研讨会在北京召开。国家林业局副局长张建龙出席会议并致辞。

12月23日，祖国大陆赠送台湾的大熊猫"团团""圆圆"运抵台北，入住台北市立动物园。

12月29日，国家林业局主办的"辉煌林业30年展"在北京开幕。全国人大常委会副委员长乌云其木格，国家林业局局长贾治邦出席开幕式，李育才副局长致开幕词，杨继平同志主持开幕式，印红副局长、孙扎根副局长、卓榕生总工程师出席。

2009 年

1月8日，国家林业局、公安部公布《森林公安机关领导干部实行双重管理暂行规定》。

1月8~9日，国家林业局在北京召开全国林业厅（局）长会议，提出，"以深化改革为动力，以兴林富民为宗旨，以科技创新为支撑，继续解放思想，抓住发展机遇，加大投入力度，强化基础建设，转变发展方式，提升可持续发展能力，把现代林业建设全面推向科学发展的新阶段。"

1月20日，国家林业局印发《关于公布首批森林经营示范国有林场的通知》，确定北京西山林场等104个国有林场作为首批森林经营示范林场。

1月30日，在国务院总理温家宝和欧洲联盟委员会主席巴罗佐的见证下，国家林业局与欧盟环境委员会代表在布鲁塞尔欧盟总部签署建立中欧森林执法和行政管理双边协调机制协议书。

同日，国家林业局印发《全国林业信息化建设纲要》和《全国林业信息化建设技术指南》。

2月9日，驻阿根廷大使曾钢代表国家林业局同阿根廷环境和可持续发展国务秘书在布宜诺斯艾利斯签署《中华人民共和国国家林业局和阿根廷共和国环境和可持续发展国务秘书处关于森林资源与生态环境保护领域合作的谅解备忘录》，有效期5年，之后自动延5年，并依此法顺延。

3月2日，国家林业局与青海省人民政府在北京签署林业合作备忘录。

3月12日，国家林业局印发《关于开展森林经营试点工作的通知》。

3月18日，国务院总理温家宝主持召开国务院常务会议，审议通过《全国森林防火中长期发展规划》。

3月23日，国务院办公厅印发《关于转发林业局等部门省级政府防沙治沙目标考核办法的通知》。

同日，国家林业局、商务部发布《中国企业境外森林可持续经营利用指南》。

3月24～25日，首次全国林业信息化工作会议在北京召开。

同日，宣布启用林业信息化标识"飞翔的林业"，举办首届林业信息化高峰论坛和全国林业信息化成就展。

3月26日，国家林业局批准实施《岩溶地区石漠化综合治理林业专项规划（2006—2015年）》。

3月30日，国务院召开全国造林绿化和森林草原防火工作电视电话会议。国务院副总理回良玉出席会议并讲话。

同日，国家林业局印发《中国企业境外森林可持续经营利用指南》。

4月5日，党和国家领导人胡锦涛、吴邦国、温家宝、贾庆林、习近平、李克强、贺国强等到北京永定河森林公园参加义务植树。

4月20日，国家林业局印发《关于进一步加强松材线虫病防治工作的意见》。

4月26日，国家林业局与新疆维吾尔自治区人民政府在北京召开林业援疆工作座谈会。

4月27日，经中央机构编制委员会办公室批准同意，国家林业局亚太森林网络管理中心成立。

5月7～8日，第六届中国城市森林论坛在杭州市举行。杭州市、威海市、宝鸡市、无锡市被授予"国家森林城市"称号。

5月21日，国家林业局印发《陆地生态系统定位研究网络中长期发展规划（2008—2020年）》。

5月22日，《中华人民共和国国家林业局和伊拉克湖泊林业（湿地）事务部关于湿地合作的协议》在北京签署，有效期5年，之后自动延5年，并依此法顺延。

5月25日，财政部、国家林业局印发《育林基金征收使用管理办法》。

5月25日，中国人民银行、财政部、中国银行业监督管理委员会、中国保险监督管理委员会、国家林业局印发《关于做好集体林权制度改革与林业发展金融服务工作的指导意见》。

6月22～23日，中央林业工作会议在北京举行。国务院总理温家宝会见出席会议的全体代表并发表讲话，指出，"林业在贯彻可持续发展战略中具有重要地位，在生态建设中具有首要地位，在西部大开发中具有基础地位，在应对气候变化中具有特殊地位。"国务院副总理回良玉出席会议并讲话。

7月15日，国家林业局和中国投资有限责任公司签署关于林业境外战略投资合作的谅解备忘录。

7月16日，国家林业局印发《关于改革和完善集体林采伐管理的意见》。

7月21日，国家林业局印发《岩溶地区石漠化综合治理工程效益评价指标框架》。

7月24日，国家林业局党组扩大会议暨全国林业厅（局）长电视电话会议在北京召开。

7月25日，国家林业局与广西壮族自治区人民政府签署合作建设生态文明示范区和林业强区备忘录。

8月15日，国务院办公厅印发《关于推进"三北"防护林体系建设的意见》。

8月18日，国家林业局印发《关于促进农民林业专业合作社发展的指导意见》。

9月7日，国家林业局与天津市人民政府在天津签署共建绿色天津合作备忘录。

9月18日，国务院办公厅公布吉林松花江三湖等14处自然保护区晋升为国家级自然保护区。

9月21日，联合国环境规划署（UNEP）在联合国总部纽约举行"全球十亿棵树运动"特别仪式，宣布该运动已实现在全球植树70亿株的目标，其中，中国植树26亿株，对该目标的实现发挥了决定性作用。

10月，驻朝鲜大使刘晓明同朝鲜国家科学院代表在平壤签署《中华人民共和国国家林业局与朝鲜民主主义人民共和国国家科学院关于加强野生动物保护合作的协议》，协议赠送朝鲜丹顶鹤一对。

10月15日，国家林业局印发《关于切实加强集体林权流转管理工作的意见》。

10月17日，国务院总理温家宝在甘肃定西市考察退耕还林情况时指出，各级政府必须把退耕还林、植树造林、林权改革、畜牧养殖等结合起来，发挥综合效益。

10月18日，国家主席胡锦涛在视察黄河三角洲国家级自然保护区湿地恢复工程和生态保护情况时指出，"你们通过加强自然保护区建设，明确改善了黄河入海口的生态环境。希望你们再接再厉、巩固成果，把这件造福当代、泽被子孙的好事坚持不懈地抓下去。"

10月19日，经国务院批准，国家林业局、国家发展改革委印发《全国森林防火中长期发展规划》。

10月22日，中希林业工作组第一次会议在希腊雅典召开。

10月29日，国家林业局、国家发展改革委、财政部、商务部、国家税务总局印发《林业产业振兴规划（2010—2012年）》。

10月30日，国家林业局、财政部印发《国家级公益林区划界定办法》。

10月30日，中国国家林业局与澳大利亚农林渔业部在悉尼签署中澳政府间关于打击非法采伐及相关贸易支持森林可持续经营的谅解备忘录。

11月6日，国家林业局发布《应对气候变化林业行动计划》。

11月9日，国家发展改革委、财政部、国家林业局发布《全国油茶产业发展规划（2009—2020年）》。

11月10日，国家林业局、湖南省人民政府在长沙市签订合作建设长株潭城市群国家现代林业示范区框架协议。

11月12日，在胡锦涛主席和新加坡总理李显龙的共同见证下，中国野生动物保护协会与新加坡野生动物保育集团共同签署中新大熊猫保护研究合作协议，中方将向新方提供一对大熊猫进行合作研究，为期10年。

11月17日，国务院新闻办公室举行新闻发布会，公布第七次全国森林资源清查结果。全国森林面积1.95亿公顷，森林覆盖率20.36%，人工林面积保持世界首位。

11月20日，国家林业局与河南省人民政府在郑州市签署合作框架协议，决定合作建设林业生态省。

11月25日，国务院总理温家宝主持召开国务院常务会议，研究部署应对气候变化工作。会议决定，通过植树造林和加强森林管理，到2020年森林面积比2005年增加4000万公顷，森林蓄积量增加13亿立方米。

12月16日，国家林业局开展首批全国林业信息化示范省建设，确定辽宁省林业厅、福建省林业厅、湖南省林业厅、吉林森工集团为首批示范省实施单位。

12月19日，国家主席胡锦涛在澳门出席回归庆典活动时宣布，为庆贺澳门特区成立10周年，应澳门特别行政区政府要求，中央政府决定向澳门特别行政区赠送一对大熊猫。

12月30日，国家林业局与山东省人民政府在山东签署合作共建绿色山东框架协议。

2010 年

1月1日，农业部、国家林业局公布《农村土地承包经营仲裁规则》和《农村土地承包仲裁委员会示范章程》。

1月19日，国家林业局与中国中信集团公司签署战略合作协议。

1月21～22日，国家林业局在广州市召开全国林业厅（局）长会议，提出林业改革发展的总体要求，确保2020年比2005年新增森林面积4000万公顷，新增森林蓄积量13亿立方米，森林覆盖率达到23%以上，林业产业总产值达到4万亿元。

2月1～2日，全国野生动植物保护及自然保护区建设管理工作会议在海南省海口市召开。

3月1日，国务院在北京召开全国森林草原防火工作电视电话会议。国务院副总理回良玉出席会议并讲话。

3月10日，中央机构编制委员会办公室批复同意成立"国家林业局信息中心"。

3月18日，教育部批复同意在南京森林公安高等专科学校基础上建立南京森林警察学院。

3月21日，《中华人民共和国国家林业局与阿拉伯联合酋长国阿布扎比环境署关于波斑鸨保护、繁育和放归的合作协议》在阿布扎比签署。

4月3日，党和国家领导人胡锦涛、吴邦国、温家宝、贾庆林、李长春、习近平、李克强、贺国强等，在北京市海淀区北坞公园参加首都义务植树活动。

4月8日，国家林业局与中国气象局签订森林防火与气象合作框架协议。

4月29日，国家林业局与新疆维吾尔自治区人民政府在乌鲁木齐市召开林业援疆工作座谈会。

5月5日，《中华人民共和国国家林业局与奥地利共和国联邦农业、林业、环境与水资源管理部关于林业合作的谅解备忘录》在北京续签。

5月20日，国家林业局召开新闻发布会，发布中国森林生态服务评估研究成果。

5月21日，《中国国家林业局与保护国际基金会合作原则机制》在美国签署。

5月29日，国家林业局宣布将成都大熊猫繁育研究基地的谱系为"717"和"710"的一对大熊猫赠送澳门特别行政区。

6月3日，《中华人民共和国国家林业局和尼泊尔政府森林与土壤保护部关于林业和野生动植物保护合作的谅解备忘录》在北京签署，有效期5年，之后自动延5年，并依此法顺延。

6月8日，中共中央组织部决定张永利同志任国家林业局党组成员。6月22日，国务院决定任命张永利同志为国家林业局副局长。

6月9日，国务院总理温家宝主持召开国务院常务会议，审议并原则通过《全国林地保护利用规划纲要（2010—2020年）》。

7月12～14日，全国林业厅（局）长座谈会在河北省塞罕坝机械林场召开。

7月23日，国家林业局印发《关于支持新疆加快林业发展的意见》。

8月27日，《中华人民共和国国家林业局与日本国环境省关于朱鹮保护的合作计划》在北京续签。

9月15日，《中华人民共和国国家林业局与印度尼西亚共和国林业部关于林业领域合作的谅解备忘录》在北京签署，有效期5年，可顺延5年。

9月17日，《中华人民共和国国家林业局与越南农业与乡村发展部关于林业合作的谅解备忘录》在越南河内签署，有效期5年，之后自动延5年。

9月28日，财政部、国家林业局决定自2010年起设立中央财政森林公安转移支付资金。

10月10～11日，全国集体林权制度改革百县经验交流会在北京举行。国务院总理温家宝作重要批示，国务院副总理回良玉出席会议并讲话。

11月1日，《中华人民共和国国家林业局和刚果共和国可持续发展、林业经济与环境部关于林业合作谅解备忘录》在北京签署。

同日，国家林业局、国家发展改革委、财政部印发《全国林木种苗发展规划（2011—2020年）》。

11月29日，国家林业局、教育部共建北京林业大学、东北林业大学、西北农林科技大学协议在北京签订。

12月16日，国家林业局政府网在第九届中国政府网站绩效评估中综合排名列73个部委中第11名，并获得"中国政府网站领先奖""优秀政府网站奖"和"品牌栏目奖"等。

12月23日，国家林业局与山东省人民政府合作共建绿色山东领导小组会议在北京举行。

12月29日，国务院总理温家宝在北京主持召开国务院第138次常务会议，决定2011—2020年实施天然林资源保护二期工程，实施范围在原有基础上增加丹江口库区的11个县（市、区），中央投入2195亿元。

2011 年

1月4日，国家林业局发布第四次全国荒漠化和沙化监测成果。至2009年底，全国荒漠化土地面积262.37万平方公里，沙化土地面积173.11万平方公里，分别为国土总面积的27.33％和18.03％。

2005—2009 年，全国荒漠化土地面积年均减少 2 491 平方公里，沙化土地面积年均减少 1 717 平方公里。

1 月 5～6 日，国家林业局在北京召开全国林业厅（局）长会议，提出"十二五"林业工作的总体思路。

1 月 10 日，在国务院副总理李克强和英国副首相尼克·克莱格的共同见证下，中国野生动物保护协会与苏格兰皇家动物学会在伦敦签署中英共同开展大熊猫保护研究合作协议。中方向英方提供一对大熊猫赴爱丁堡动物园进行为期 10 年的合作研究。

1 月 21 日，中国野生动物保护协会与美国斯密桑宁国家动物园在华盛顿签署关于合作研究和繁殖大熊猫的延期协议，同意将大熊猫"美香""添添"留美参与合作研究期限延长到 2016 年。

1 月 24 日，《中华人民共和国国家林业局和美利坚合众国农业部关于共建中国园的谅解备忘录》签字仪式在美国举行。根据协议，中美双方将在美国国家树木园共同建造面积为 5 公顷的中国江南园林。

1 月 26 日，财政部、国家林业局印发《中央财政林业科技推广示范资金绩效评价暂行办法》。

2 月 14 日，国家林业局印发《全国木材（林业）检查站建设规划（2011—2015 年）》。

2 月 15 日，国家林业局发布《能源林可持续培育指南》及《小桐子可持续培育指南》。

2 月 16 日，国家林业局与中国电信集团公司在北京签署战略合作框架协议，在推动林业信息化全面快速发展的同时，促进中国电信业务又好又快发展。

2 月 24 日，在习近平副主席的见证下，中国驻蒙古大使王小龙代表国家林业局同蒙古国家紧急事务局在乌兰巴托签署《中华人民共和国政府和蒙古国政府关于边境地区森林、草原防火联防协定实施细则》。

2 月 25 日，国家林业局与海南省人民政府在海口市签署加快推进海南森林生态旅游建设战略合作协议。

2 月 27 日，国务院总理温家宝到中国政府网、新华网与网民在线交流时指出："集体林权制度改革是继家庭联产承包责任制后的又一项重大改革。推进这项改革，给老百姓又一条发展生产的路子，他们的生活一定会得到改变。"

2 月 28 日至 3 月 1 日，全国野生动植物保护与自然保护区建设管理工作会议在南宁市举行。

3 月 4 日，国家林业局与广东省人民政府在北京签署合作建设广东现代林业强省框架协议。

3 月 6 日，国务院总理温家宝在参加十一届全国人大四次会议甘肃代表团的审议时说："如果沙进人退的趋势得不到遏制，敦煌也会重蹈楼兰的覆辙。必须继续加大防沙治沙的力度，坚决遏制敦煌生态环境恶化的趋势，决不让敦煌成为第二个楼兰。"

3 月 9 日，国家林业局印发《全国防沙治沙综合示范区建设规划（2011—2020 年）》。

3 月 11 日，财政部印发《关于整合和统筹资金支持木本油料产业发展的意见》，决定从 2011 年起整合和统筹资金支持木本油料产业发展。

3 月 15 日，国务院召开全国森林防火工作电视电话会议，安排部署"十二五"及 2011 年森林草原防火重点任务。国务院副总理回良玉出席会议并讲话。

3 月 25 日，国家林业局印发《全国林业信息化发展"十二五"规划（2011—2015 年）》。

4 月 2 日，党和国家领导人胡锦涛、吴邦国、温家宝、贾庆林、李长春、习近平、李克强、贺国强等到北京市永定河畔参加义务植树活动。

4 月 7 日，中共中央组织部决定赵树丛同志任国家林业局党组副书记。4 月 18 日，国务院任命赵树丛同志为国家林业局副局长（副部长级）。

4 月 16 日，国务院办公厅公布河北驼梁等 16 处新建国家级自然保护区，其中，林业自然保护区 15 处。

4 月 19 日，经中央编制委员会办公室批复，设立国家林业局驻北京、上海森林资源监督专员办事处；撤销国家林业局驻兰州森林资源监督专员办事处；撤销国家林业局濒危物种进出口管理中心北京、上海等 22 个办事处。调整后，国家林业局设立 15 个派驻地方森林资源监督专员办事处，除大兴安岭专员办外，其他 14 个专员办均加挂"中华人民共和国濒危物种进出口管理办公室××办事处"牌子。

同日，《中华人民共和国国家林业局和大韩民国山林厅关于继续开展东北虎繁殖合作的协议》在北京签署，协议提供韩国一对东北虎。

4 月 22 日，国家林业局与黑龙江省人民政府在哈尔滨市签署合作共建框架协议。

4 月 26～27 日，国家林业局在重庆市召开全国森林资源管理工作会议。

5 月 8 日，国家林业局与辽宁省人民政府在沈阳市签署合作共建绿色辽宁框架协议。

5 月 9～10 日，第二届全国林业信息化工作会议在沈阳市举行。

5 月 11 日，国家林业局、国家旅游局在北京举行签署共同推进森林旅游发展合作框架协议。

5 月 20 日，国务院在北京召开全国天然林资源保护工程工作会议，总结天然林保护工程一期建设成效和经验，研究部署工程二期建设各项工作。国务院副总理回良玉出席会议并讲话。

同日，国家林业局印发《履行濒危野生动植物种国际贸易公约发展规划（2011—2015 年）》。

同日，国家林业局印发《国家级森林公园管理办法》。

5 月 30 日，国家林业局印发《国家重点林木良种基地管理办法》。

6 月 16 日，全国绿化委员会、国家林业局印发《全国造林绿化规划纲要（2011—2020 年）》。

6 月 18～19 日，第八届中国城市森林论坛在大连市召开，主题是"城市森林·绿色经济·幸福家园"。全国政协副主席王刚出席开幕式并讲话。大连市等 8 个城市被授予"国家森林城市"称号。

6 月 24 日，国家林业局印发《核桃示范基地建设指南》。

7 月 4 日，国家林业局与新疆维吾尔自治区人民政府在乌鲁木齐市召开林业"十二五"援疆工作座谈会。

7 月 7 日，国家林业局和新疆生产建设兵团在乌鲁木齐市签署加快兵团林业发展合作共建框架协议。

7 月 15 日，国家林业局党组扩大会暨全国林业厅（局）长电视电话会议在北京召开。

7 月 18 日，经中央机构编制委员会办公室批复，同意在国家林业局国有林场和林木种苗工作总站加挂"国家林业局森林公园保护与发展中心"牌子，实行"一套人马、两块牌子"的管理体制。

7 月 25 日，国家林业局发布《大熊猫国内借展管理规定》。

7 月 29 日，国家林业局发布《中国野生虎恢复计划》。

8 月 15 日，国家林业局、河南省人民政府在郑州市签署共同推进中原经济区建设框架协议。

8 月 26～28 日，国务院总理温家宝在张家口退耕还林还草工程区调研时说：近些年坝上生态环境改善，对促进农牧业可持续发展，促进旅游业及其他产业发展发挥了重要作用。要在国家支持下，协调各方面力量，继续推进生态环境建设，这也是扶贫工作的重要内容。

8 月 30 日，国家林业局印发《林业发展"十二五"规划》。

9 月 26 日，财政部、国家税务总局印发《关于天然林保护工程（二期）实施企业和单位房产税、城镇土地使用税政策的通知》。

10 月 14 日，中奥林业工作组第一次会议在奥地利格蒙登召开。

10 月 17 日，国家林业局、国家发展改革委决定在河北、浙江、安徽、江西、山东、湖南、甘肃 7 省开展国有林场改革试点。

10 月 22 日，国家林业局、广西壮族自治区人民政府举办的中国东盟城市森林论坛在南宁市举行，主题是"中国—东盟共同推动森林城市、低碳城市、宜居城市建设"。南宁市被授予"国家森林城市"称号。

10 月 27～28 日，首届全国林业信息化学术研讨会在北京举行。

10 月 31 日，国家林业局印发《全国林业"十二五"利用国际金融组织贷款项目发展规划》。

11 月 2 日，国家林业局启动森林资源可持续经营管理试点工作，确定在全国 200 个单位开展以森林采伐管理改革为核心的森林资源可持续经营管理试点工作。

11 月 9 日，国务院总理温家宝主持召开国务院常务会议，讨论通过《"十二五"控制温室气体排放工作方案》，明确我国控制温室气体排放的总体要求和重点任务，其中，增加森林碳汇成为该方案的重要内容之一。

同日，国家林业局、国家旅游局印发《关于加快发展森林旅游的意见》。

11 月 10 日，财政部、国家林业局印发《中央财政湿地保护补助资金管理暂行办法》。

11 月 16 日，国务院总理温家宝主持召开国务院常务会议，决定建立青海三江源国家生态保护综合试验区。会议批准实施《青海三江源国家生态保护综合试验区总体方案》。

11 月 21 日，经国务院批准，财政部、国家税务总局印发《关于调整完善资源综合利用产品及劳务增值税政策的通知》，明确对以"三剩物"、次小薪材和农作物秸秆为原料生产的综合利用产品，继续实行增值税即征即退等优惠政策。

同日，在温家宝总理与文莱苏丹哈桑纳尔的见证下，外交部部长杨洁篪代表国家林业局同文莱达鲁萨兰国工业与初级资源部代表在斯里巴加湾市签署《中华人民共和国国家林业局和文莱达鲁萨兰国工业与初级资源部关于林业合作的谅解备忘录》，有效期 5 年，可延长 5 年。

12 月 2 日，2011 年度中国政府网站绩效评估结果公布，国家林业局政府网跨入中央部委网站前 10 名。

12 月 4 日，中国野生动物保护协会与苏格兰皇家动物学会开展合作的一对大熊猫"阳光"与"甜甜"运抵爱丁堡动物园，开展为期 10 年的合作研究。

12 月 28 日，国家林业局印发《全国林业人才发展"十二五"规划》和《全国林业教育培训"十二五"规划》。

12 月 29～30 日，国家林业局在北京召开全国林业厅（局）长会议，提出，"加快转变林业发展方式，着力维护生态安全、发展绿色产业、保障木材供给、创新体制机制、强化科技支撑，进一步提升林业多种功能和生态产品、林产品供给能力，为建设生态文明、推动科学发展、扩大国内需求、促进绿色增长做出新的更大贡献。"

2012 年

1 月 7 日，国家林业局与内蒙古自治区人民政府在北京签署合作共建内蒙古农业大学协议。

1 月 15 日，大熊猫"圆仔"和"欢欢"抵达法国博瓦勒动物园，开展为期 10 年的合作研究。

1 月 18 日，在温家宝总理与卡塔尔首相哈马德的见证下，外交部部长杨洁篪代表国家林业局同卡塔尔环境部长穆罕默德在多哈签署《中华人民共和国国家林业局与卡塔尔环境部关于林业、荒漠化防治以及野生动植物保护的谅解备忘录》。

1 月 21 日，国务院批准河北青崖寨、山西黑茶山等 28 处新建国家级自然保护区。

2 月 8 日，在国务院总理温家宝和加拿大总理哈珀的见证下，《中华人民共和国国家林业局与加拿大公园管理局关于保护地事务合作的谅解备忘录》在北京签署，协议有效期 5 年，可延长 5 年。

2 月 20 日，国家林业局印发《全国野生动植物保护与自然保护区建设"十二五"发展规划》。

3 月 1 日，国家林业局与云南省人民政府在北京签署加快林业生态安全屏障和生物多样性宝库建设战略合作协议。

3 月 16 日，中共中央委员会批准赵树丛同志任国家林业局党组书记。3 月 25 日，国务院决定任命赵树丛为国家林业局局长。

3 月 27 日，国务院在北京召开全国造林绿化表彰动员大会。国务院副总理回良玉出席会议并讲话，全国人大常委会副委员长乌云其木格、全国政协副主席张梅颖出席会议。

4 月 3 日，党和国家领导人胡锦涛、吴邦国、温家宝、贾庆林、李长春、习近平、李克强、贺国强等到北京丰台区永定河畔参加义务植树活动。

4月16日，国务院在北京召开全国森林草原防火工作电视电话会议。国务院副总理回良玉出席会议并讲话。

5月6日，"金林工程"建设内容被列入国务院批复的《"十二五"国家政务信息化工程建设规划》。

5月31日，国家林业局印发《全国林业工作站"十二五"建设规划》。

6月14日，国务院新闻办公室举行岩溶地区第二次石漠化监测结果新闻发布会。截至2011年，全国石漠化土地面积为1 200.2万公顷，占监测区国土面积的11.2%，占岩溶面积的26.5%。与2005年相比，石漠化土地净减少96万公顷，减少7.4%；年均减少1 600平方公里，缩减率为1.27%。

6月15日，在中共中央政治局常委、中央纪委书记贺国强和马来西亚总理纳吉布的共同见证下，中国野生动物保护协会同马来西亚自然资源与环境部野生动物和国家公园司在马来西亚签署大熊猫保护合作研究协议。

6月19日，国家林业局与青海省人民政府在西宁市召开林业援青工作座谈会。同日，国家林业局与青海省人民政府签署共同推进青海省林业生态建设合作备忘录。

6月26日，中共中央组织部决定张建龙同志任国家林业局党组副书记。

7月4日，国家林业局与中国科学院签署全面战略合作框架协议，共同构建政府部门与科研院所之间的新型战略合作体系。

7月5日，国家林业局印发《林业科学和技术"十二五"发展规划》。

7月9日，第九届中国城市森林论坛在呼伦贝尔市举行。全国政协副主席王刚出席开幕式并讲话。呼伦贝尔市等10个城市被授予"国家森林城市"称号。

7月16～21日，全国人大常委会委员长吴邦国赴黑龙江省大兴安岭等地调研，提出继续实施林业重点工程建设，立足于让林区老百姓增收致富，走出一条林业转型发展、林农增收致富的新路子。

7月18日，国家林业局与中共福建省委、省政府在福州市签署合作推进林业改革与发展框架协议。

7月20～22日，国家林业局在福建长汀县召开全国林业厅（局）长会议，提出，"弘扬长汀精神，发展现代林业，为改善生态改善民生作出更大贡献。"

7月30日，国务院办公厅印发《关于加快林下经济发展的意见》。

8月20～22日，全国林业专业合作组织建设工作会议在山东省临沂市召开。

8月26～27日，国务院在山西省朔州市召开三北防护林体系建设工作会议。国务院副总理回良玉出席会议并讲话。

9月6日，卧龙中国保护大熊猫研究中心提供的两只大熊猫"武杰""沪宝"运抵新加坡，开展为期10年的大熊猫国际繁育合作计划。

9月13日，中国阿拉伯国家防沙治沙合作论坛在银川市召开。

9月17日，最高人民法院、最高人民检察院、国家林业局、公安部、海关总署印发《关于破坏野生动物资源刑事案件中涉及的CITES附录Ⅰ和附录Ⅱ所列陆生野生动物制品价值核定问题的通知》。

9月18日，国家林业局与国家开发银行在北京签署开发性金融支持林业发展合作协议。

9月19日，国务院总理温家宝主持召开国务院常务会议，听取退耕还林工作汇报，决定自2013年起适当提高巩固退耕还林成果部分项目的补助标准。会议讨论并通过《京津风沙源治理二期工程规划（2013—2022年）》。

9月21日，国家林业局印发《关于加快科技创新促进现代林业发展的意见》。

9月24日，全国林业科学技术大会在北京召开。国务院副总理回良玉出席会议并讲话。

9月24～25日，全国深化集体林权制度改革工作会议暨林下经济现场会在辽宁省本溪市召开。

9月26日，国家林业局与中央人民广播电台签订战略合作协议，在加强林业日常新闻宣传，做好林业突发事件、林业政策和典型、林业公益主题宣传，开设林业专栏、组织广播剧、加强网络宣传等方面开展合作。

10月15日，国家林业局局长赵树丛与墨西哥合众国环境和自然资源部部长胡安·拉法埃尔·艾尔维拉在北京签署《中华人民共和国国家林业局与墨西哥合众国环境和自然资源部关于林业合作的谅解备忘录》。

同日，中央财政新增安排国有林场改革试点补助资金 12 亿元，用于浙江、安徽、江西、山东、湖南、甘肃 6 个试点省份解决国有林场职工社会保险和分离办社会职能等问题。

10 月 18 日，国家林业局召开全国林业信息安全工作电视电话会议。

10 月 29 日，国家林业局印发《关于加强国有林场森林资源管理保障国有林场改革顺利进行的意见》。

10 月 30 日，国家林业局与中国农业银行在北京签署共同推进林业产业建设发展合作框架协议。

10 月 31 日，国家林业局、国家发展改革委、科技部、财政部、国土资源部、环境保护部、住房城乡建设部、水利部、农业部、国家海洋局印发《全国湿地保护工程"十二五"实施规划》。

11 月 5 日，国家林业局、河南省人民政府在北京签订《合作共建河南农业大学协议》。

12 月 5 日，中国政府网站绩效评估结果发布会在人民大会堂举行。中国林业网（国家林业局政府网）由部委网站第 10 名提升为第 4 名，荣获中国互联网最具影响力政府网站等重大奖项。

12 月 17 日，国务院办公厅印发《国家森林火灾应急预案》。

12 月 19 日，全国湿地保护管理工作会议在上海市召开。

12 月 26 日，国务院办公厅印发《关于加强林木种苗工作的意见》。

12 月 27~28 日，国家林业局在北京召开全国林业厅（局）长会议，提出，"以建设生态文明为总目标，以改善生态改善民生为总任务，加快发展现代林业，着力构建国土生态空间规划体系、重大生态修复工程体系、生态产品生产体系、支持生态建设的政策体系、维护生态安全的制度体系和生态文化体系，努力建设美丽中国，推动我国走向社会主义生态文明新时代。"

12 月 31 日，财政部、国家林业局印发《中央财政林业补贴资金管理办法》。

2013 年

1 月 22 日，国家林业局公布《国家林业局委托实施野生动植物行政许可事项管理办法》。

1 月 28 日，国家林业局印发《全国林业机械发展规划（2011—2020 年）》。

1 月 31 日，国家林业局印发《全国林业科技推广体系建设规划（2011—2020 年）》。

2 月 5 日，国家林业局印发《全国木材战略储备生产基地建设规划（2013—2020 年）》。

2 月 17 日，国家林业局印发《太行山绿化三期工程规划（2011—2020 年）》《珠江流域防护林体系建设三期工程规划（2011—2020 年）》。

3 月 8 日，经国务院批准，国家林业局、国家发展改革委、财政部、国土资源部、环境保护部、水利部印发《全国防沙治沙规划（2011—2020 年）》。

3 月 21 日，全国绿化委员会、国家林业局在北京市举办以"保护发展森林资源、携手共建美丽中国"为主题的"国际森林日"植树纪念活动。

3 月 25 日，《中华人民共和国政府与南非共和国政府关于湿地与荒漠化生态系统和野生动植物保护合作的谅解备忘录》在南非签署。

3 月 27 日，国务院召开全国森林草原防火和造林绿化工作电视电话会议。国务院副总理汪洋出席会议并讲话。

3 月 28 日，国家林业局印发《湿地保护管理规定》。

4 月 2 日，党和国家领导人习近平、李克强、张德江、俞正声、刘云山、王岐山、张高丽等，在北京市丰台区永定河畔的植树点参加义务植树活动。习近平强调，要加强宣传教育、创新活动形式，引导广大人民群众积极参加义务植树，不断提高义务植树尽责率，依法严格保护森林，增强义务植树效果，把义务植树深入持久开展下去，为全面建成小康社会、实现中华民族伟大复兴的中国梦不断创造更好的生态条件。

4 月 3 日，国务院副总理汪洋到国家林业局调研工作，视察国家森林防火指挥部森林防火调度指挥中心和林业信息化建设工作，召开座谈会听取国家林业局工作汇报。

4月6日，国家林业局局长赵树丛与秘鲁农业部部长冯埃塞在海南省三亚市签署《中华人民共和国国家林业局和秘鲁共和国农业部关于林业合作的谅解备忘录》。

4月8日，国家林业局印发《长江流域防护林体系建设三期工程规划（2011—2020年)》。

4月23日，国家林业局印发《全国平原绿化三期工程规划（2011—2020年)》。

4月27日，国家林业局、财政部印发《国家级公益林管理办法》。

5月2日，国家林业局、国家档案局印发《集体林权制度改革档案管理办法》。

5月28日，国家林业局印发《全国林业生物质能源发展规划（2011—2020年)》。

5月30日，国家林业局局长赵树丛同瑞士联邦委员、联邦环境、交通、能源和电信部部长多丽丝·洛伊特哈德女士在北京签署《中华人民共和国国家林业局和瑞士联邦环境、交通、能源和电信部关于林业合作的谅解备忘录》。

6月3日，国家林业局、全国工商联、中国光彩会印发《关于引导和鼓励非公有制经济参与现代林业发展推进生态文明建设的意见》。

6月7日，《国家林业局与国际林业研究中心合作谅解备忘录》在北京签署。

6月15日，中国野生动物保护协会与马来西亚野生动物和国家公园局签订大熊猫保护合作研究协议。

6月19～20日，全国深化集体林权制度改革百县经验交流会在宁夏召开。

6月27日，在国家主席习近平和韩国总统朴槿惠的见证下，国家林业局局长赵树丛与韩国环境部部长尹成奎签署《关于朱鹮合作的谅解备忘录》。

7月10日，国家林业局在北京举行新闻发布会，宣布启动实施长江流域防护林体系建设、珠江流域防护林体系建设、太行山绿化、平原绿化三期工程（2011—2020年)。

7月18日，中墨第一次林业工作组会议在墨西哥举行。

7月23～24日，国家林业局在合肥市召开全国林业厅（局）长座谈会，提出：深刻领会生态就是民生福祉等重大战略思想，着力加强林业改革创新，把改革的红利、创新的活力、发展的潜力有效叠加起来，全面增强生态林业民生林业发展动力。

7月29～30日，首届国家级职业技能竞赛国有林场职业技能竞赛在河北省塞罕坝机械林场总场举行。

8月1日，国家林业局印发《中国智慧林业发展指导意见》。

8月2日，国家林业局印发《全国竹产业发展规划（2013—2020年)》。

8月5日，经国务院同意，国家发展改革委、国家林业局批复河北、浙江、安徽、江西、山东、湖南、甘肃7省的国有林场改革试点方案。

8月12日，国家林业局启动国家储备林试点划定工作。

同日，国家林业局印发《关于进一步加快林业信息化发展的指导意见》。

8月27日，第三届全国林业信息化工作会议在长春市召开。

9月3日，中央财政启动林下经济中药材种植补贴试点工作。

9月6日，国家林业局印发《推进生态文明建设规划纲要》。

9月11日，中国野生动物保护协会与比利时天堂公园签署大熊猫保护合作研究协议。

9月12日，国家林业局印发《关于加快林业专业合作组织发展的通知》。

9月24日，2013中国城市森林建设座谈会在南京市举行。中国关注森林活动组委会主任王刚出席会议并讲话。

11月7日，国家林业局与中国诚通控股集团有限公司签署关于开展林业战略合作框架协议。

11月14日，国家林业局印发《关于委托实施野生动植物行政许可有关事项的通知》。

11月15日，国家林业局印发《关于切实加强和严格规范树木采挖移植管理的通知》。

12 月 18 日，国务院总理李克强主持召开国务院常务会议，部署推进青海三江源生态保护、建设甘肃省国家生态安全屏障综合试验区、京津风沙源治理、全国五大湖区湖泊水环境治理等一批重大生态工程。

12 月 19 日，国家林业局印发《转基因林木生物安全监测管理规定》。

12 月 24 日，国家林业局印发《引进林木种子、苗木检疫审批与监管规定》。

12 月 25 日，国务院办公厅公布山西灵空山等 23 处新建国家级自然保护区名单。

12 月 27 日，国家林业局印发《关于采集国家重点保护野生植物有关问题的通知》，明确采集、移植或采伐国家重点保护野生植物，必须持有国家林业局统一印制的国家重点保护野生植物采集证。

12 月 30 日至 2014 年 1 月 27 日，国家林业局会同有关部门，与南非、美国、东盟野生动植物执法网络、南亚野生动植物执法网络、卢萨卡议定书执法特遣队联合组织亚洲、非洲和北美地区的 28 个国家，开展代号为"眼镜蛇二号行动"的跨洲打击走私濒危物种违法犯罪活动专项行动。其间，共破获 350 多起破坏野生动植物资源案件，缴获数百吨濒危物种及其制品，处理 400 多名违法犯罪人员，并获得濒危野生动植物种国际贸易公约（CITES）公约秘书长表彰证书。

12 月 31 日，国家林业局印发《全国林业知识产权事业发展规划（2013—2020 年)》。

2014 年

1 月 6 日，国家林业局、海关总署联合在广州销毁 6.15 吨查没的象牙。

1 月 9～10 日，2014 年全国林业厅（局）长会议在北京召开。会议提出：认真实施《推进生态文明建设规划纲要》，创新林业体制机制，完善生态文明制度，推进国家林业治理体系和治理能力建设，增强生态林业民生林业发展内生动力，为全面建成小康社会、实现中华民族伟大复兴的中国梦创造更好的生态条件。

1 月 10 日，竹藤产业发展创新驱动联盟在北京成立。

1 月 13 日，国家林业局在国务院新闻办公室召开新闻发布会，公布第二次全国湿地资源调查结果：全国湿地总面积 5 360 万公顷，湿地面积占国土面积的比率（湿地率）为 5.58%。

2 月 9 日，国家林业局、海关总署发布《野生动植物进出口证书管理办法》。

2 月 17 日，中共中央组织部同意陈凤学、彭有冬同志任国家林业局党组成员。2 月 27 日，国务院决定任命陈凤学、刘东生同志为国家林业局副局长。

2 月 19 日，国务院副总理、全国绿化委员会主任汪洋在北京主持召开全国绿化委员会全体会议，听取 2013 年国土绿化工作情况汇报，审议《全国绿化委员会工作规则》，研究部署 2014 年国土绿化工作。

2 月 25 日，国务院新闻办公室举行发布会，公布第八次全国森林资源清查结果：全国森林面积 2.08 亿公顷，森林覆盖率 21.63%，森林蓄积量 151.37 亿立方米。人工林面积 0.69 亿公顷，蓄积量 24.83 亿立方米。

3 月 6 日，国家林业局印发《国际重要湿地生态特征变化预警方案（试行）》，确定对国际重要湿地生态特征变化实行由低到高的黄色、橙色和红色三级预警。

3 月 10 日，国家林业局公布将松树蜂和椰子织蛾增列为全国林业危险性有害生物。

3 月 20 日，以"绿色的梦想、共同的家园"为主题的"国际森林日"植树活动在北京举行。

3 月 21 日，国务院在山东省济宁市召开全国春季农业生产暨森林草原防火工作会议。国务院总理李克强作重要批示。国务院副总理汪洋出席会议并讲话。

同日，中国林业网被评为 2014 年度最具影响力政务网站，荣获 2014 年度"中国政务网站领先奖"。

4 月 4 日，党和国家领导人习近平、李克强、张德江、俞正声、刘云山、王岐山、张高丽等到北京市海淀区南水北调团城湖调节池参加首都义务植树活动。习近平强调，全国各族人民要一代人接着一代人干下去，坚定不移爱绿、植绿、护绿，把我国森林资源培育好、保护好、发展好，努力建设美丽中国。

4 月 9～18 日，国家林业局局长赵树丛率领中国林业代表团访问波兰、罗马尼亚、芬兰。其间，赵树丛分别与波兰环境部部长格拉波夫斯基，罗马尼亚环境与气候变化部部长科洛迪，水、森林与渔业局特派部长帕讷举行会谈。中波、中罗双方分别签署《关于林业合作的谅解备忘录》《关于森林、湿地保护和野生动物保护合作的谅解备忘录》。

4 月 25 日，国家林业局、山东省人民政府、中国贸促会和中国花卉协会共同主办的中国 2014 年青岛世界园艺博览会在青岛市开幕。

4 月 29 日，国家林业局印发《关于推进林业碳汇交易工作的指导意见》。

5 月 4～11 日，国家林业局副局长张永利率团出席在喀麦隆布埃亚市举行的大森林论坛 2014 年年会，并就当前全球林业发展面临的机遇与挑战、林权制度改革、森林经营、林业应对气候变化、林业机构建设等议题充分阐述了中方的观点。

5 月 7 日，亚太经合组织（APEC）非法采伐及相关贸易专家组第五次会议在青岛市召开。国家林业局副局长刘东生出席开幕式并就有关议题阐述中国的态度和立场。

5 月 18 日，水利部、国家林业局联合在广西百色召开滇桂黔石漠化片区区域发展与扶贫攻坚推进会。

5 月 20 日，大熊猫"福娃""凤仪"启程赴马来西亚，开展为期 10 年的大熊猫国际科研合作。

5 月 26 日，国务院办公厅印发《关于进一步加强林业有害生物防治工作的意见》。

同日，国家林业局、国家发展改革委、财政部联合印发《全国优势特色经济林发展布局规划（2013—2020 年）。

6 月 5 日，国家林业局局长赵树丛与阿拉伯联盟秘书长阿拉比签署《中国国家林业局与阿拉伯联盟（阿拉伯干旱地区和旱地研究中心）关于荒漠化监测与防治合作的谅解备忘录》。

6 月 18 日，国家林业局党组会研究决定，成立全国林业生物多样性保护委员会。

7 月 3 日，在习近平主席和韩国总统朴槿惠的共同见证下，国家林业局副局长张建龙和韩国环境部部长尹成圭在首尔青瓦台签署《中华人民共和国国家林业局和大韩民国环境部关于野生动植物和生态系统保护合作的谅解备忘录》。

7 月 11 日，国家木材储备战略联盟成立大会暨首届理事会在北京召开。会议审议通过联盟组织机构、章程及工作运行机制。

7 月 16～18 日，《联合国防治荒漠化公约》关于联合国可持续发展大会（"里约＋20"）后续行动政府间工作组第二次磋商在北京举行。

7 月 23 日，中俄第三次边境森林防火联防会议在俄罗斯滨海边疆区首府海参崴召开。

7 月 28～29 日，国家林业局在湖北省宜昌市召开全国推进林业改革座谈会，着重研究推进林业改革问题。

8 月 1 日，国家林业局印发《陆生野生动物收容救护管理规定》和《林业植物新品种保护行政执法办法》。

8 月 5 日，中蒙第二次边境森林防火联防会议在蒙古国乌兰巴托召开。

8 月 6～8 日，亚太经合组织（APEC）非法采伐和相关贸易专家组第六次会议在北京举行，来自APEC16 个经济体的 60 余名代表出席会议。

8 月 28 日，全国林业国际合作工作会议在北京举行。

9 月 16 日，中国林学会和台湾中华林学会联合主办的首届海峡两岸林业论坛在台北市举行。

9 月 28 日，国家林业局召开全国退耕还林实施工作电视电话会议，安排部署新一轮退耕还林工作。

10 月 24 日，在习近平主席和坦桑尼亚总统基奎特的见证下，国家林业局局长赵树丛与坦桑尼亚外交和国际合作部部长门贝在北京签署《中华人民共和国国家林业局与坦桑尼亚自然资源和旅游部关于野生动植物和自然资源保护合作与交流的谅解备忘录》。

10 月 29 日，2015 后国际森林安排研讨会在北京开幕，来自 55 个国家和 18 个国际组织的近 200 名官员和专家就构筑未来全球森林治理体系进行磋商。

11 月 14 日，世界自然保护联盟（IUCN）在悉尼举办的世界公园大会上公布首批保护地绿色名录，其中，我国的唐家河国家级自然保护区等 6 个保护地入围。

12 月 2 日，国家林业局与国家质检总局在北京签署《关于促进生态林业民生林业发展合作备忘录》。

12 月 4 日，全国深化集体林权制度改革座谈会在河南省郑州市召开。

12 月 10 日，国家林业局与河北省人民政府在北京签署《关于合作共建河北农业大学的协议》。

12 月 25 日，国家林业局印发《全国集体林地林下经济发展规划纲要（2014—2020 年)》。

12 月 26 日，国务院办公厅印发《关于加快木本油料产业发展的指导意见》。

2015 年

1 月 5～6 日，2015 年全国林业厅（局）长会议在北京召开。会议提出：主动适应新常态，实现林业新发展，为改善生态改善民生作出更大贡献。

1 月 9 日，国家林业局印发《关于切实加强野生植物培育利用产业发展的指导意见》（林护发〔2015〕7 号）。

1 月 28～29 日，遏制非法象牙需求国际研讨会在浙江省杭州市召开，国家林业局副局长刘东生、濒危野生动植物种国际贸易公约（CITES）秘书长约翰·斯甘伦出席开幕式并致辞。

2 月 2 日，以"湿地，我们的未来"为主题的 2015 年世界湿地日活动启动仪式在浙江省杭州市举行。全国政协副主席罗富和，国家林业局副局长张永利，浙江省副省长黄旭明等出席启动仪式。

2 月 3～6 日，国务院副总理汪洋在内蒙古考察国有林区改革工作时强调，要加快完善国有林区森林资源保护机制和监管体制，因地制宜推进森工企业改制和改革，多措并举促进职工就业增收，推动林区森林资源持续增长、生态产品生产能力持续增强、绿色富民产业持续发展。

2 月 26 日，国家林业局发布 2015 年第 7 号公告，决定从公告发布之日起至 2016 年 2 月 26 日止，我国临时禁止进口《濒危野生动植物种国际贸易公约》生效后所获的非洲象牙雕刻品，国家林业局暂停受理相关行政许可事项。

2 月 27 日至 3 月 1 日，由国家林业局、全国政协人口资源环境委员会联合主办的"三北"防护林体系建设成就展在全国政协礼堂举办。

2 月 28 日，国家林业局召开新闻发布会，公布全国第四次大熊猫调查结果。截至 2013 年底，全国野生大熊猫种群数量达 1 864 只。国家林业局副局长陈凤学出席发布会并答记者问。

3 月 17 日，全国国有林场和国有林区改革工作电视电话会议在北京召开。国务院副总理汪洋出席会议并讲话，国务院副秘书长毕井泉主持会议，国家林业局局长赵树丛、国家发展改革委副主任连维良等在会上发言。

3 月 18 日，世界自然基金会（WWF）全球总干事马可·兰博蒂尼在北京向中国国家林业局局长赵树丛颁发"自然保护领导者卓越贡献奖"，以表达国际社会对中国林业建设和自然保护成就的高度赞赏和充分肯定。

3 月 20 日，全国春季农业生产暨森林草原防火工作会议在河南省漯河市召开，中共中央政治局常委、国务院总理李克强作出重要批示。中共中央政治局委员、国务院副总理汪洋出席会议并讲话。农业部部长韩长赋主持会议，国家林业局局长赵树丛在会上发言。

3 月 23 日，国家林业局局长赵树丛与斐济林业渔业部长耐克姆在斐济首都苏瓦签署中斐林业合作备忘录。

3 月 26 日，国家林业局局长赵树丛与韩国山林厅长官申沅燮在韩国大田市共同签署《中韩关于森林福祉合作的备忘录》。

3 月 30 日，国家林业局局长赵树丛签署第 36 号令，公布《林业固定资产投资建设项目管理办法》，自 2015 年 5 月 1 日起施行。

同日，国家林业局和财政部联合召开电视电话会议，全面部署停止重点国有林区天然林商业性采伐工作。国家林业局局长赵树丛出席会议并讲话，副局长张建龙主持会议。财政部副部长胡静林、国家林业局副局长刘东生分别就相关财政支持政策和全面停伐具体要求作讲话。

同日，国家林业局印发《新一轮退耕还林工程作业设计技术规定》（林退发〔2015〕35 号）。

3 月 31 日，国家林业局局长赵树丛签署第 35 号令，公布《建设项目使用林地审核审批管理办法》，自 2015 年 5 月 1 日起施行。

4 月 3 日，党和国家领导人习近平、李克强、张德江、俞正声、刘云山、王岐山、张高丽等来到北京市朝阳区孙河乡植树点参加首都义务植树活动。习近平强调，植树造林是实现天蓝、地绿、水净的重要途径，是最普惠的民生工程。要坚持全国动员、全民动手植树造林，努力把建设美丽中国化为人民自觉行动。

4 月 8 日，亚太森林恢复与可持续管理组织（以下简称亚太森林组织）首届董事会成立大会暨第一次会议在北京举行。中国国家林业局局长赵树丛当选为亚太森林组织首届董事会主席。来自澳大利亚、中国、柬埔寨、马来西亚、菲律宾和联合国粮农组织、国际热带木材组织及大自然保护协会的 12 名代表当选董事出席会议。

4 月 10 日，中国湿地保护协会在北京成立。国家林业局局长赵树丛为协会揭牌，副局长孙扎根当选为第一届会长。

4 月 12～17 日，国家林业局副局长刘东生率团赴秘鲁出席大森林论坛 2015 年年会。会议期间，刘东生会见了美国、秘鲁、加拿大、喀麦隆、巴西和瑞典等国林业部门负责人，就下一步加强多双边林业合作事宜深入交换了意见。

4 月 15 日至 6 月 30 日，国家林业局部署在全国林业系统国家级自然保护区开展一次为期 3 个月的监督检查专项行动"绿剑行动"。此次行动将依法严厉查处国家级自然保护区内的房地产开发、探矿采矿、采石挖沙等违法占地行为。

4 月 25 日，中共中央、国务院印发《关于加快推进生态文明建设的意见》。

5 月 4 日，国家林业局印发《全国集体林地林药林菌发展实施方案（2015—2020 年）》。

5 月 4～27 日，我国会同亚洲、非洲、欧洲和美洲的 64 个国家和有关国际组织联合开展打击野生动植物非法贸易犯罪的"眼镜蛇三号行动"。

5 月 13～14 日，国家林业局副局长张永利率中国代表团出席在纽约联合国总部召开的联合国森林论坛第十一届会议部长级会议并在部长级会议上发言。

5 月 25 日，亚欧会议成员国森林可持续管理与利用政策与实践研讨会在斯洛文尼亚首都卢布尔雅那召开。中国国家林业局副局长刘东生出席会议并在开幕式上致辞。

5 月 28 日，国家林业局印发《国家沙化土地封禁保护区管理办法》，该办法共 19 条，将于 7 月 1 日起施行，有效期至 2020 年 12 月 31 日。

5 月 29 日，国家林业局和海关总署在北京市野生动物救护中心联合举行"中国执法查没象牙销毁活动"，共销毁 2014 年以来执法机关查没并结案的非法象牙及象牙制品 662 千克。国家林业局局长赵树丛、海关总署署长于广洲分别致辞，国家林业局副局长陈凤学主持。濒危野生动植物种国际贸易公约秘书长约翰·斯甘伦就中国政府公开销毁查没象牙发来贺信。

6 月 9 日，国务院新闻办公室举行新闻发布会介绍我国生态建设与自然保护情况。国家林业局副局长张建龙出席发布会并介绍相关情况。

6 月 16 日，国家林业局局长赵树丛在北京会见联合国森林论坛秘书长索博拉，双方就加强联合国森林论坛与国家林业局人员交流合作及支持亚太森林组织建设等事宜交换了意见。

6 月 24 日，在第七轮中美战略与经济对话期间，中国国家林业局和美国国务院在美国华盛顿举行打击野生动植物非法交易对口磋商。国家林业局局长赵树丛和美国国务院副国务卿凯瑟琳·诺维莉出席磋商开幕式并讲话。

6 月 30 日，中央决定，张建龙任国家林业局党组书记。

7 月 6 日，利比里亚共和国加入国际竹藤组织（INBAR）升旗仪式在北京国际竹藤组织总部举行。自此，国际竹藤组织成员国达到 41 个。全国政协人口资源环境委员会副主任、国际竹藤组织董事会联合主席江泽慧，国家林业局副局长刘东生，利比里亚驻华大使杜德里·托马斯等出席升旗仪式。

7 月 13 日，国务院决定，张建龙任国家林业局局长。

7 月 23 日，全国林业厅（局）长电视电话会议召开。会议的主要任务是：深入学习领会习近平总书记系列重要讲话精神，认真贯彻落实党的十八大和十八届三中、四中全会精神，系统总结 2015 年上半年工作，精心部署下半年工作，确保全面完成全年任务。

7 月 28 日，以"沙漠生态文明，共建丝绸之路"为主题的第五届库布其国际沙漠论坛在内蒙古开幕。国务院副总理汪洋出席开幕式并致辞，联合国秘书长潘基文向论坛发来贺信，《联合国防治荒漠化公约》执行秘书莫妮卡·巴布宣读贺信并致辞。全国政协副主席、科技部部长万钢主持开幕式并致辞。国家林业局局长张建龙、内蒙古自治区党委书记王君出席开幕式并致辞。

8 月 18 日，第三届中国绿化博览会在天津市武清区正式开幕，本届绿博会主题为"以人为本，共建绿色家园"，全国共有 48 个单位参加本次绿博园建设参展。会期为 8 月 18 日到 10 月 18 日。

8 月 22 日，滇桂黔石漠化片区区域发展与扶贫攻坚推进会在云南省文山壮族苗族自治州举行，国家林业局局长张建龙、水利部部长陈雷、云南省省长陈豪、国务院扶贫办副主任郑文凯等相关部门领导出席会议并讲话。

8 月 26 日，国家林业局与国土部数据资料交接仪式在北京举行。两部门共同签署数据资料共享协议，建立共享机制。

8 月 29 日，全国深化集体林权制度改革现场会在浙江省浦江县召开，研究继续深化集体林权制度改革，全面提升集体林业经营水平。

9 月 7 日，应南非政府和联合国粮农组织邀请，经国务院批准，国家林业局局长张建龙出席在南非德班举行的第十四届世界林业大会并在高级别论坛上发表演讲。

9 月 16 日，我国首个大型野生动物类型国家公园——西藏羌塘藏羚羊、野牦牛国家公园在拉萨成立，国家林业局副局长陈凤学出席授牌仪式并讲话。

9 月 17 日，国家林业局印发《关于进一步加强林业标准化工作的意见》（林科发〔2015〕127 号）。

9 月 23 日，全国林业标准化工作会议在湖南省召开，研究部署林业标准化工作。

9 月 24 日，第四届全国林业信息化工作会议在湖南省长沙市召开，研究大力推进"互联网＋"林业建设，全面提升我国林业信息化水平。

10 月 9 日，国家林业局召开全国奋斗在林改一线的十佳大学生村官座谈会，学习宣传先进精神，激励青年投身林业建设。

10 月 10 日，2015 中国森林旅游节暨生态休闲产业博览会在湖北省武汉市举行，主题为"生态之旅绿色生活"。

10 月 15 日，国家林业局发布 2015 年第 17 号公告，自本公告发布之日起至 2016 年 10 月 15 日止，我国临时禁止进口在非洲进行狩猎后获得的狩猎纪念物象牙，国家林业局暂停受理相关行政许可事项。

10 月 25 日，首届世界生态系统治理论坛在北京举行，国家林业局局长张建龙、世界自然保护联盟主席章新胜、亚太森林组织董事会主席赵树丛等出席论坛开幕式并致辞，国家林业局副局长陈凤学主持开幕式。国务院副总理汪洋会见了出席首届世界生态系统治理论坛的国际组织代表。

10 月 31 日，在李克强总理和韩国总统朴槿惠见证下，国家林业局局长张建龙在韩国首尔与韩国环境部部长尹成奎共同签署《中韩关于共同推进大熊猫保护合作的谅解备忘录》。

11 月 2 日，中央第九巡视组巡视国家林业局工作动员会召开，党组书记张建龙主持会议并作动员讲话，中央第九巡视组组长吴瀚飞就即将开展的专项巡视工作作讲话。

11 月 5 日，国家林业局局长张建龙在北京会见斯洛文尼亚副总理兼农业、林业和食品部部长戴扬·日丹。双方共同签署《中华人民共和国国家林业局与斯洛文尼亚共和国农业、林业和食品部关于建立中国中东欧国家林业合作协调机制的谅解备忘录》，标志着中国与中东欧国家林业合作协调机制正式启动。

11 月 12 日，国家林业局印发《关于进一步加强乡镇林业工作站建设的意见》（林站发〔2015〕146 号）。

11 月 19 日，全国林业工作站工作会议在北京召开，会议研究部署全面加强基层林业工作站建设，为推进林业现代化建设提供保障。

11 月 20 日，国家林业局局长张建龙在北京会见博茨瓦纳环境、野生动物与旅游部部长切凯迪·卡马一行，双方就野生动植物保护、造林、森林经营与林业应对气候变化等问题交换了意见。

11 月 24 日，国家林业局局长张建龙签署第 39 号令，公布《林业工作站管理办法》，自 2016 年 1 月 1 日起施行。

11 月 26 日，国家林业局与中国气象局在北京签署《关于深化全面战略合作框架协议》。坚持优势互补资源共享，实现林业气象共赢发展。国家林业局局长张建龙、中国气象局局长郑国光代表双方签字。国家林业局副局长彭有冬出席签字仪式。

12 月 17 日，《国家林业局广西壮族自治区政府国家开发银行共同推进国家储备林等重点领域建设发展合作协议》签约仪式在北京举行，国家林业局局长张建龙、局党组成员谭光明出席签约仪式。

12 月 28 日，全国油茶等木本油料产业开发脱贫现场会在福建省举行。研究部署大力发展油茶等木本油料产业，实现精准脱贫稳定脱贫。

同日，中国大熊猫保护研究中心在卧龙大熊猫基地内正式挂牌。国家林业局副局长陈凤学出席揭牌仪式。

12 月 29 日，国务院新闻办公室在北京举行新闻发布会，国家林业局局长张建龙在新闻发布会上介绍了第五次全国荒漠化和沙化土地监测结果。

12 月 30 日，国家林业局印发《林业植物新品种保护行政执法办法》（林技发〔2015〕176 号）。同日，国家林业局发布 2015 年第 20 号公告，公布安徽升金湖国家级自然保护区、广东南澎列岛海洋生态国家级自然保护区、甘肃张掖黑河湿地国家级自然保护区 3 处湿地列入《国际重要湿地名录》。

2016 年

1 月 10 日，2016 年全国林业厅（局）长会议在湖南省长沙市召开。会议的主要任务是，全面贯彻党的十八大和十八届三中、四中、五中全会精神，深入贯彻习近平总书记系列重要讲话精神，认真落实中央扶贫开发工作、中央经济工作、中央农村工作等会议精神，总结"十二五"林业工作，谋划"十三五"总体思路，部署 2016 年重点工作，大力推进林业现代化建设。国家林业局局长张建龙出席并讲话，国家林业局领导陈述贤、张永利、陈凤学、刘东生、彭有冬、谭光明、杜永胜、封加平、张鸿文，武警森林指挥部司令员沈金伦等出席会议。

1 月 13 日，中国国家林业局局长张建龙在北京会见尼泊尔森林与土壤保护部部长萨普可塔一行。双方就野生动植物保护、物种引进、跨境生态保护、社区林业发展等共同关心的问题广泛交换了意见，并就共同推动两国林业合作交流达成了共识。

1 月 18 日，国家林业局发布 2016 年第 1 号公告，批准发布《退耕还林工程生态效益监测与评估规范》等 73 项林业行业标准。

1 月 22 日，全国政协副主席、民进中央常务副主席罗富和到国家林业局走访调研，召开座谈会听取林业工作汇报。国家林业局党组书记、局长张建龙介绍了林业改革发展情况，局领导陈述贤、陈凤学、刘东生、彭有冬、谭光明、封加平、张鸿文参加座谈会。

1 月 26 日，习近平总书记主持召开中央财经领导小组第十二次会议，研究供给侧结构性改革方案、长江经济带发展规划、森林生态安全工作，李克强、刘云山、张高丽出席。会上，国家林业局党组书记、局长张建龙汇报森林生态安全工作。习近平总书记强调，森林关系国家生态安全。要着力推进国土绿化，坚持全民义务植树活动，加强重点林业工程建设，实施新一轮退耕还林；要着力提高森林质量，坚持保护优先、自然修复为主，坚持数量和质量并重、质量优先，坚持封山育林、人工造林并举；要完善天然林保护制度，宜封则封、宜造则造，宜林则林、宜灌则灌、宜草则草，实施森林质量精准提升工程；要着力开展森林城市建设，搞好城市内绿化，使城市适宜绿化的地方都绿起来；搞好城市周边绿化，充分利用不适宜耕作的土地开展绿化造林；搞好城市群绿化，扩大城市之间的生态空间。要着力建设国家公园，保护自然生态系统的原真性和完整性，给子孙后代留下一些自然遗产。要整合设立国家公园，更好保护珍稀濒危动物。要研究制定国土空间开发保护的总体性法律，更有针对性地制定或修订有关法律法规。

1月27日，国家林业局召开党组扩大会议，传达学习习近平总书记在中央财经领导小组第十二次会议上的重要讲话精神，研究部署贯彻落实工作。国家林业局局长张建龙要求，要把学习宣传贯彻习近平总书记在中央财经领导小组第十二次会议上的重要讲话精神作为当前和今后一个时期的重要政治任务，切实用讲话精神指导林业改革发展，切实以讲话精神引领"十三五"规划，按照"四个着力"要求加快推进林业生态建设，全力维护国家生态安全。国家林业局领导陈述贤、张永利、陈凤学、刘东生、彭有冬、谭光明、杜永胜、封加平、张鸿文出席会议。

同日，国家林业局局长张建龙会见中国农业发展银行董事长解学智。双方一致表示，充分发挥中国农业发展银行政策性银行的优势，支持引导金融资本参与林业改革发展，为建设生态文明、美丽中国贡献力量。

2月3～4日，国家林业局局长张建龙赴河北省张家口市调研造林绿化工作。张建龙强调，要按照习近平总书记提出的"绿色办奥"理念和京津冀协同发展战略的要求，加大生态保护力度，加快造林绿化步伐，为2022年冬奥会举办创造良好生态条件。

2月18日，国家林业局直属机关两建工作和反腐倡廉工作会议在北京召开。会议的主要任务是，深入贯彻落实习近平总书记系列重要讲话精神，学习贯彻中央纪委六次全会、中央国家机关第三十次党的工作会议暨第二十八次纪检工作会议等系列会议精神，总结2015年机关两建工作和反腐倡廉工作，部署2016年工作。党组书记、局长张建龙主持并讲话，中央纪委驻农业部纪检组组长宋建朝出席并讲话，国家林业局党组成员陈述贤对局机关两建工作和反腐倡廉工作作总结和部署。

2月18～19日，国家林业局举办党政主要负责同志培训班，连续举办两场专题讲座，就学习贯彻习近平总书记治国理政新理念新思想新战略和学习党章作专题辅导。

2月25日，国家林业局信息化工作领导小组会议在北京召开，审议通过《"互联网＋"林业行动计划——全国林业信息化"十三五"发展规划》和《全国林业信息化工作管理办法》。

2月26日，中国国家林业局局长张建龙在北京会见蒙古环境、绿色发展与旅游部部长巴特策尔格一行。双方就建立小型植物园、野生动植物保护、荒漠化防治等共同关心的问题进行了商谈。会后，双方签署新的中蒙林业合作谅解备忘录。

2月29日，全国绿化委员会表彰全国绿化模范单位和颁发全国绿化奖章，对在国土绿化事业中做出突出成绩的城市（区）、县（市、区、旗）、单位和个人予以表彰，授予北京市昌平区等27个城市（区），河北省肥乡县等118个县（市、区、旗），北京市通州区大运河森林公园等243个单位"全国绿化模范单位"荣誉称号；向褚玉红等929名同志颁发全国绿化奖章。

3月2日，武警森林指挥部党委二届十七次全体（扩大）会议在北京召开。国家森林防火指挥部总指挥、国家林业局局长、武警森林指挥部第一政委张建龙出席会议并讲话，国家森林防火指挥部专职副总指挥杜永胜、国家林业局总经济师张鸿文等出席会议。

同日，国家林业局与河南省人民政府签署合作意见，进一步落实2011年签订的《共同推进中原经济区生态建设框架协议》，深化局省合作，加快推进中原经济区生态建设。

3月3日，在湖南东洞庭湖国家级自然保护区举行世界野生动植物日宣传活动暨麋鹿引种放归仪式，活动主题为"保护濒危野生动植物，维护生物多样性"，国家林业局党组成员、副局长陈凤学出席活动并讲话。

3月11日，发布《2015年中国国土绿化状况公报》。

3月14日，中国国家林业局局长张建龙在北京会见埃塞俄比亚环境、林业与气候变化部部长希费劳一行。双方就森林经营与恢复、林业应对气候变化、竹藤资源开发利用等问题深入交换意见。

3月18日，全国绿化委员会在北京召开第34次全体会议。国务院副总理、全国绿化委员会主任汪洋出席会议并讲话。汪洋在会上强调，要认真贯彻落实党中央、国务院关于加快推进生态文明建设的决策部署，坚持以创新、协调、绿色、开放、共享的新发展理念为引领，加快造林绿化，提升森林质量，发展绿色产业，筑牢国家生态安全屏障，为促进经济社会持续健康发展提供有力支撑。国务院副秘书长、全国绿化委员会副主任江泽林在会上宣读《全国绿化委员会关于调整组成人员的通知》，国家林业局局长、全国绿化委员会副主任张建龙汇报了"十二五"和2015年国土绿化工作、"十三五"工作思路和2016年重点工作安排。全国绿化委员会委员在会上发言。国家林业局党组成员陈述贤，党组成员、副局长张永利，副局长刘东生，局党组成员谭光明，国家森林防火指挥部专职副总指挥杜永胜，局总工程师封加平，局总经济师张鸿文参加会议。

同日，国家林业局发布2016年第2号公告，公布清理规范的行政审批中介服务事项。

3月19日，由全国绿化委员会、国家林业局、首都绿化委员会举办的中国纪念2016年"国际森林日"植树活动在在北京市海淀区园外园二期中坞地块举行。

3月20日，国家林业局发布2016年第3号公告，公告从2016年3月20日起至2019年12月31日止，中国临时禁止进口《濒危野生动植物种国际贸易公约》（以下简称《公约》）生效前所获得的象牙及其制品、《公约》生效后所获的非洲象牙雕刻品以及在非洲进行狩猎后获得的狩猎纪念物象牙及其制品。象牙文物回流和科研教学、文化交流、公共展示、执法司法等非商业目的需要进口象牙及其制品的情况，不在此次临时禁止进口范围。

3月20~21日，全国春季农业生产暨森林草原防火工作会议在江苏省泰州市召开。国务院总理李克强作出重要批示。批示指出，毫不放松抓好农业农村工作特别是当前的春季农业生产，对于经济社会发展全局至关重要。各地区、各部门要牢固树立新的发展理念，按照党中央、国务院决策部署，通过深化改革，着力转变农业发展方式，加强现代农业建设，引导农民以市场为导向优化种养结构，加快发展多种形式农业适度规模经营，积极推进一二三产业融合发展，不断提高农业的综合效益和竞争力，多渠道增加农民收入。要抓住农时，扎实开展春耕备耕，强化政策扶持，统筹做好森林草原防火、脱贫攻坚、农田水利建设和防汛抗旱等各项工作，确保实现"十三五"农业农村发展良好开局。国务院副总理汪洋出席会议并讲话。农业部部长韩长赋、国家林业局局长张建龙在会上发言。国家林业局副局长张永利，国家森林防火指挥部专职副总指挥杜永胜，武警森林指挥部司令员沈金伦出席会议。

3月21日，国家发展改革委、国家林业局、农业部、水利部联合印发《岩溶地区石漠化综合治理工程"十三五"建设规划》。

3月22日，中国国家林业局局长张建龙在北京会见了芬兰农业和环境部部长凯莫·蒂卡宁先生一行。双方就中芬林业双边合作、林业产业合作、大熊猫科研合作等议题交换意见。国家林业局总工程师封加平出席会见。

3月24日，国家林业局发布2016年第4号公告，公布取消的中央指定地方实施行政审批事项目录。

3月26日，以"开展大规模国土绿化加快林业现代化进程"为主题的2016年共和国部长义务植树活动在北京市通州区台湖镇文化旅游区举行。150名省部级领导干部参加植树活动。

3月29日，国家林业局发布2016年第5号公告，公布允许从事象牙加工及象牙制品销售活动的单位及场所变更情况，有效期至2016年12月31日。

3月30日，习近平主席特使、中国国家林业局局长张建龙在中非首都班吉出席中非共和国总统福斯坦-阿尔尚热·图瓦德拉就职仪式。

3月31日，中非共和国总统福斯坦-阿尔尚热·图瓦德拉在首都班吉会见习近平主席特使、中国国家林业局局长张建龙。

4月4日，中国国家林业局局长张建龙在北京会见联合国副秘书长吴红波一行。双方就深化实现联合国2030年可持续发展议程领域合作交换意见。

4月5日，党和国家领导人习近平、李克强、张德江、俞正声、刘云山、王岐山、张高丽等在北京市大兴区西红门镇植树点参加首都义务植树活动。习近平强调，义务植树是全面参与生态文明建设的一项重要活动，不仅要把全民义务植树抓好，生态文明各项工作都要抓好，动员全社会参与。要着力推进国土绿化、建设美丽中国，还要通过"一带一路"建设等多边合作机制，互助合作开展造林绿化，共同改善环境，积极应对气候变化等全球性生态挑战，为维护全球生态安全作出应有贡献。

4月8日，国家林业局发布2016年第6号、第7号、第8号、第9号公告，公布2016年松材线虫病疫区分布和撤销情况、2016年美国白蛾疫区分布和撤销情况。

4月18日，滇桂黔石漠化片区区域发展与扶贫攻坚现场推进会在贵州省安顺市举行。国家林业局局长张建龙、水利部部长陈雷、国务院扶贫办副主任郑文凯、贵州省省长孙志刚出席会议并讲话，国家林业局总工程师封加平等出席会议。

4月19日，国家林业局局长张建龙签署第40号令，公布《林木种子生产经营许可证管理办法》，并自2016年6月1日起施行。

4月26日，国际标准化组织竹藤技术委员会（ISO/TC296）在北京成立。

同日，国家林业局发布《国家林业局关于废止部分规范性文件的通知》（林策发〔2016〕54号），集中废止41项规范性文件。

4月29日，2016唐山世界园艺博览会开幕。

5月4日，国家林业局印发《林地变更调查工作规则》。该规则自2016年6月1日起施行，有效期至2021年12月31日。

5月9日，国家林业局对全国生态建设突出贡献先进集体和先进个人作出表彰。授予北京市延庆区林木种苗管理站等181个单位"全国生态建设突出贡献奖先进集体"荣誉称号，授予姜英淑等303人"全国生态建设突出贡献奖先进个人"荣誉称号。

5月12日，全国林木种苗工作会议在广西桂林市召开，国家林业局副局长张永利出席会议并讲话。

5月13日，国家林业局办公室印发《湿地保护修复制度工作方案》，系统提出了湿地保护修复对象、原则、具体制度等，并成立由国家林业局牵头，国土资源部、环境保护部、水利部、农业部、国家海洋局等部门组成的湿地保护修复制度方案领导小组及办公室。

5月15日，以"推进生态文明，建设美丽中国——湿地让生活更美好"为主题的2016年全国林业科技活动周在江苏南京启动。

同日，科技创新与牡丹产业发展高峰对话会在北京举行。

5月24日，中国国家林业局副局长陈凤学在荷兰瓦格宁根会见湿地国际主席安德鲁·万德赞和首席执行官珍妮·玛underscore维克。双方签署《中华人民共和国国家林业局和湿地国际关于湿地保护和可持续发展五年合作框架协议》。

5月27日，中俄林业工作组第八次会议暨投资政策论坛在俄罗斯首都莫斯科召开。中国国家林业局局长张建龙、俄罗斯林务局局长瓦连基克出席会议，双方高度评价了两国在林业投资贸易、森林防火、生态保护、打击木材非法采伐、林业科研教育等方面的交流与合作，并愿意进一步加强对话，在年内重新签署《中俄林业合作谅解备忘录》。

5月30日，首届大中亚地区林业部长级会议在哈萨克斯坦首都阿斯塔纳召开。中国国家林业局局长张建龙出席会议并致开幕词。

6月2日，中共中央政治局委员、新疆维吾尔自治区党委书记张春贤在乌鲁木齐会见国家林业局局长张建龙。张建龙表示，国家林业局将按照中央安排部署，把新疆列为生态建设的战略重点全力以赴给予支持，为建设生态文明、美丽新疆贡献力量。国家林业局总经济师张鸿文出席会见。

6月6日，第八轮中美战略与经济对话在北京举行。中国国家林业局局长张建龙出席开幕式和欢迎晚宴，并分别与美国副国务卿诺维莉、助理国务卿嘉伯进行会面。

6月8日，国家林业局发布2016年第11号公告，公布注销林木种子经营许可证的企业名单。

6月16日，国家林业局举办司局级干部"两学一做"专题培训班，国家林业局党组书记、局长张建龙以《深入开展"两学一做"学习教育充分发挥党员先锋模范作用》为题讲党课。国家林业局党组成员陈述贤主持，局领导张永利、陈凤学、谭光明、张鸿文出席。

6月17日，世界防治荒漠化日纪念活动暨"一带一路"共同行动高级别对话在北京举行。国务院副总理汪洋出席开幕式并发表主旨演讲。国家林业局局长张建龙与联合国防治荒漠化公约秘书处执行秘书塔里娅·哈洛宁、莫妮卡·巴布共同发布了《"一带一路"防治荒漠化共同行动倡议》。国家林业局局领导张永利、张鸿文等出席纪念活动。

6月22日，国家林业局与中国农业发展银行在河北省张家口市签署《全面支持林业发展战略合作协议》。

6月23日，京津冀协同发展生态率先突破推进会在河北省张家口市举行。国家林业局与北京市、天津市、河北省签署《共同推进京津冀协同发展林业生态率先突破的框架协议》，并成立京津冀协同发展生态率先突破工作领导小组。

6月24日，国家林业局发布2016年第12号公告，公布27项林业行政许可项目服务指南，同时废止国家林业局2006年第6号公告。

6月25日，在中俄两国元首习近平和普京的共同见证下，中国国家林业局和俄罗斯联邦林务局在北京签署《中华人民共和国国家林业局和俄罗斯联邦林务局关于林业合作的谅解备忘录》。

7月1日，国家林业局发布2016年第13号公告，公布允许使用人工繁育麝类所获天然麝香生产、销售含天然麝香成分中成药的企业及其产品。

7月2日，第十二届全国人大常委会第二十一次会议审议通过了修订后的《中华人民共和国野生动物保护法》，并于2017年1月1日起实施。

7月4日，全国林业法治工作会议在北京召开，会议对全面贯彻实施新修订的《中华人民共和国野生动物保护法》作安排部署。国家林业局局长张建龙出席并讲话，局领导陈述贤、张永利、陈凤学、彭有冬、封加平、张鸿文出席会议。

同日，国家林业局发布2016年第14号公告，公布苏柳172等31个品种和天楸1号等8个品种为林木良种。

7月5日，国家林业局和国家统计局在北京联合启动新一轮"中国森林资源核算及绿色经济评价体系研究"。国家林业局局长、项目领导小组组长张建龙，国家统计局局长、项目领导小组组长宁吉喆出席启动会并讲话。国家林业局副局长彭有冬主持启动会。

7月8日，在贵州省贵阳市举办生态文明贵阳国际论坛2016年年会"干旱半干旱区生态系统治理主题论坛"。全国政协副主席罗富和出席。国家林业局局长张建龙、世界自然保护联盟主席章新胜在论坛上致辞。国家林业局与世界自然保护联盟亚洲区签署了《加强干旱半干旱区生态修复技术合作框架协议》。

7月9日，生态文明贵阳国际论坛2016年年会"国家公园建设与绿色发展"高峰论坛在贵州省贵阳市举办，全国政协副主席罗富和出席，国家林业局局长张建龙出席并作主旨演讲，国家林业局副局长陈凤学发布《国家公园建设与绿色发展贵阳共识》，国家林业局总经济师张鸿文出席。

7月15~17日，国家林业局局长张建龙在黑龙江省伊春市调研国有林区改革发展情况。张建龙强调，要始终牢记习近平总书记5月23日视察伊春时的重要讲话精神，加快推进国有林区转型发展绿色发展。调研前，张建龙与黑龙江省委书记王宪魁、省长陆昊等就国有林区改革及转型发展情况交换意见。国家林业局总经济师张鸿文一同调研。

7月17日，第四届中国（东北亚）森林博览会在黑龙江省伊春市开幕。全国政协原副主席张梅颖出席。国家林业局局长张建龙出席开幕式。国家林业局总经济师张鸿文、黑龙江省副省长孙永波讲话。

7月25日，国家林业局发布2016年第15号公告，公布外国人对国家重点保护野生动物进行野外考察、标本采集或在野外拍摄电影、录像审批事项服务指南。国家林业局发布2016年第16号公告，公布自2016年7月1日起，国家林业局行政许可受理中心投入使用，国家林业局网上行政审批平台正式上线运行。

7月27日，国家林业局发布2016年第17号公告，公布《乡村绿化技术规程》等109项林业行业标准，自2016年12月1日起实施。

7月28日，全国林业厅（局）长电视电话会议召开。会议主要任务是，深入学习领会习近平总书记系列重要讲话精神，全面贯彻落实党的十八大和十八届二中、三中、四中、五中全会精神，总结上半年工作，部署下半年工作，确保全面完成全年任务。国家林业局党组书记、局长张建龙主持会议并讲话，要求贯彻中央精神，坚持改革创新，坚定不移推进林业现代化建设。国家林业局党组成员陈述贤，国家林业局党组成员、副局长张永利、陈凤学，副局长刘东生，党组成员、副局长彭有冬，党组成员谭光明，国家森林防火指挥部专职副总指挥杜永胜，总工程师封加平，总经济师张鸿文，武警森林指挥部、中央纪委驻农业部纪检组相关负责同志出席会议。

8月16日，中共中央组织部决定，李树铭任国家林业局党组成员。同日，国家林业局办公室、财政部办公厅、国务院扶贫办人事司联合印发《关于开展建档立卡贫困人口生态护林员选聘工作的通知》。

8月18日，国家林业局局长张建龙签署第41号令，公布《中华人民共和国主要林木目录（第二批）》。

8月25~26日，全国加快推进国土绿化现场会在内蒙古自治区呼和浩特市召开，会议总结了国土绿化的成功经验，对今后一个时期的国土绿化工作提出新的要求。国家林业局局长张建龙出席会议并讲话，国家林业局副局长张永利主持会议，国家林业局总经济师张鸿文出席会议。

8月26日，国务院决定，任命李树铭为国家林业局副局长。

8月31日，国家林业局发布2016年第18号公告，公布2016年第一批授予植物新品种权名单。

9月1日，国家林业局召开严厉打击非法占用林地等涉林违法犯罪专项行动电视电话会议，全面部署加强林地和森林资源保护管理工作，启动严厉打击非法占用林地等涉林违法犯罪专项行动。

9月6~13日，国家林业局副局长张永利作为中国政府代表团团长，赴美国出席世界自然保护联盟（IUCN）第六届世界自然保护大会。

9月9日，印发《国家林业局关于着力开展森林城市建设的指导意见》。

9月9~10日，国家林业局局长张建龙在广西调研林业精准扶贫工作时指出，各级林业部门要深入学习贯彻习近平总书记重要指示精神，充分发挥林业在精准扶贫中的特殊重要作用，加大对贫困地区和贫困群众的帮扶力度，加强对定点帮扶地区的倾斜支持，不断提高林业精准扶贫成效，为全面建成小康社会贡献力量。

9月10日，国家开发银行广西分行与广西壮族自治区林业厅在广西南宁市签署《广西国家储备林扶贫项目合作协议》。

9月11日，2016年中国—东盟林业合作论坛在广西南宁开幕，论坛主题为"维护森林生态安全，提高国民绿色福祉"。

9月12日，中国国家林业局局长张建龙在广西南宁市会见柬埔寨农林渔业部林业局局长程金生。双方签署双边林业合作协议。张建龙还分别与越南农业与农村发展部副部长何功俊、老挝农林部副部长冯玛尼·统帕、马来西亚自然资源与环境部副部长哈明·萨穆里举行了双边会谈，并与越南签署了双边林业合作协议。

同日，国家林业局与广东省人民政府在广东省广州市签署合作框架协议，推进广东林业现代化建设，支持广东率先建设全国绿色生态省，全面提升生态文明建设水平。中共中央政治局委员、广东省委书记胡春华出席签字仪式，国家林业局局长张建龙、广东省省长朱小丹代表双方签字。国家林业局总经济师张鸿文出席签字仪式。

9月19日，2016森林城市建设座谈会和关注森林活动组委会2016年主任工作会议在陕西省延安市召开。关注森林活动组委会主任王刚出席会议并讲话，陕西省省长胡和平致辞，国家林业局局长张建龙主持会议，国家林业局副局长彭有冬宣读国家森林城市称号批准决定，陕西省政协主席韩勇、国家林业局总经济师张鸿文出席会议。

9月22日，国家林业局局长张建龙签署第42号令，公布《国家林业局关于修改部分部门规章的决定》，修改《森林公园管理办法》《大熊猫国内借展管理规定》等部门规章，自公布之日起施行。

9月23日，全国林业科技创新大会在北京召开，国务院副总理汪洋出席会议并讲话。国家林业局局长张建龙主持会议并宣读《国家林业局关于表彰全国生态建设突出贡献科技先进集体和先进个人的决定》。国家林业局副局长陈凤学、彭有冬、李树铭，局党组成员谭光明，国家森林防火指挥部专职副总指挥杜永胜，局总工程师封加平，局总经济师张鸿文出席会议。

同日，国家林业局与吉林省人民政府在吉林长春市签署推进国有林管理现代化局省共建示范项目战略合作协议。国家林业局局长张建龙和吉林省人民政府省长蒋超良代表双方签字。

9月24日，2016中国森林旅游节暨长白山国际生态论坛在吉林省长白山隆重开幕，主题为"绿水青山就是金山银山，冰天雪地也是金山银山"。全国政协副主席罗富和、国家林业局局长张建龙，副局长张永利、总经济师张鸿文出席开幕式。

10月9日，"三北"防护林体系建设工作会议在北京举行。全国政协副主席罗富和、国家林业局局长张建龙出席会议并讲话，国家林业局副局长张永利作报告。国家林业局党组成员谭光明主持会议。国家林业局领导刘东生、李树铭、杜永胜、封加平、张鸿文出席会议。

10月12日，国家林业局林业产业工作领导小组成立，国家林业局局长张建龙任组长。

10月17日，国家林业局和中央纪委驻农业部纪检组联合召开全国退耕还林突出问题专项整治行动电视电话会议，启动全国退耕还林突出问题专项整治工作，标志着"林业重大工程专项整治行动计划"正式开展实施。

10月18日，在中国国家主席习近平和乌拉圭总统巴斯克斯共同见证下，中国国家林业局局长张建龙和乌拉圭东岸共和国牧农渔业部部长塔瓦雷·阿格雷·隆巴尔多在北京签署《中华人民共和国国家林业局和乌拉圭东岸共和国牧农渔业部关于林业合作的谅解备忘录》。

10月19日，国家林业局发布2016年第19号公告，公布《自然资源（森林）资产评价技术规范》等33项林业行业标准，自2017年1月1日起实施。

10月21日，国家林业局与宁夏回族自治区政府在银川签署《共同推进宁夏生态林业建设合作协议》，国家林业局局长张建龙、宁夏回族自治区政府主席咸辉分别代表双方签字。中共宁夏回族自治区党委书记李建华、党委副书记崔波，国家林业局副局长刘东生、局总工程师封加平出席签字仪式。

10月26日，国家林业局局长张建龙签署第43号令，公布《中华人民共和国植物新品种保护名录（林业部分）（第六批）》，自2016年11月30日起施行。

10月28日，中美共建"中国园"项目开工典礼在美国首都华盛顿国家树木园举行。中国国家林业局局长张建龙、美国农业部副部长沃塔基在"中国园"分别代表中美双方发言。中国园项目中方总执行人江泽慧、美国国务院副国务卿诺维利等出席。

11月3日，国家林业局召开党员领导干部大会，学习贯彻党的十八届六中全会精神，局党组书记、局长张建龙要求，充分认识党的十八届六中全会的重大意义，迅速掀起学习宣传贯彻全会精神的热潮，以全会精神引领林业现代化建设，以优异成绩迎接党的十九大胜利召开。局领导张永利、李树铭、杜永胜、张鸿文，局离退休老领导王志宝、刘广运、沈茂成、蔡延松、刘于鹤、李育才、马福、陈述贤、卓榕生、姚昌恬出席会议。

11月9日，中国林业经济学会召开第八次会员代表大会暨八届一次理事会会议，选举产生新一届理事会，国家林业局总经济师张鸿文当选为第八届理事会理事长。

11月10日，中国国家林业局局长张建龙在北京会见了奥地利农业、林业、环境和水利部部长安德烈·鲁佩莱希特。同日，国家林业局同意河北省围场县阿鲁布拉克等15个沙漠（石漠）国家公园开展试点建设。

11月11日，国务院调整河北小五台山、吉林雁鸣湖、黑龙江五大连池、黑龙江东方红湿地等4处林业国家级自然保护区的范围，并将黑龙江东方红湿地国家级自然保护区更名为黑龙江东方红国家级自然保护区。

11月15日，中国林场协会理事会完成换届改选，局原总工程师姚昌恬当选中国林场协会第四届理事会理事长。

11月15~16日，国家林业局连续召开会议，贯彻落实习近平总书记等中央领导同志重要批示指示精神，专题研究部署做好新形势下防沙治沙工作。国家林业局局长张建龙主持会议并讲话，局领导张永利、刘东生、张鸿文出席会议。

11月16日，国务院办公厅印发《关于完善集体林权制度的意见》（国办发〔2016〕83号），针对集体林业发展中的主要问题提出相应政策措施，充分发挥集体林业在维护生态安全、实施精准脱贫、推动农村经济社会可持续发展中的重要作用。这是继2008年以来，国家再次对集体林权制度改革工作进行全面部署。

同日，召开中国绿化基金会第七届理事会成立大会，换届选举产生中国绿化基金会第七届理事会、监事和领导机构，国家林业局原党组成员陈述贤当选为中国绿化基金会第七届理事会主席。全国政协副主席林文漪、国家林业局局长张建龙出席第七届理事会成立大会并讲话，国家林业局原局长、中国绿化基金会第六届理事会主席王志宝在大会上作第六届理事会工作报告。

11月16~18日，第三届打击野生动植物非法贸易会议在越南河内召开，中国国家森林防火指挥部专职副总指挥杜永胜率团出席。

11月17日，中国国家林业局副局长李树铭在北京会见法国内政部公民保护与危机应对总局洛朗·普雷沃斯特，双方就森林防火政策法规与队伍建设等交换意见。

11月18日，全国森林质量提升工作会议在江西省赣州市崇义县召开。会议研究部署森林质量提升工作，强调要着力构建健康稳定的森林生态系统，维护国土生态安全。

11月23日，中国国家林业局局长张建龙在北京会见了欧盟环境委员卡梅努·维拉一行。双方回顾了中欧在打击野生动物非法贸易、非法采伐和防治荒漠化等方面的合作，并就深化下一步合作交换了意见。

同日，中国治沙暨沙业协会第四次全国代表大会在北京召开，选举产生新一届领导机构；全国人大常委会原副委员长许嘉璐致信祝贺，国家林业局副局长张永利出席大会并讲话。

11月25日，国家林业局党组决定，马广仁任国家森林防火指挥部专职副总指挥。

11月29日，首届国际森林城市大会在广东省深圳市开幕，主题是"森林城市与人居环境"。

11月30日，国务院办公厅印发《湿地保护修复制度方案》（国办发〔2016〕89号）。《方案》指出，湿地是生态文明建设的重要内容，事关国家生态安全，要实行湿地面积总量管控，到2020年，全国湿地面积不低于8亿亩，确保湿地面积不减少。

12月1~2日，长江经济带"共抓大保护"林业工作会议在重庆市万州区举行。国家林业局局长张建龙要求，全面加快推进长江流域林业生态保护修复，为长江经济带发展创造更好的生态条件。

12月10~11日，首届中国森林康养与医疗旅游论坛在北京举行，主题为"森林·健康·跨界·融合"。

12月15日，部门间CITES执法工作协调小组第六次联席会议在北京召开，会议要求，面对新形势新任务，各成员单位和有关部门要加倍努力，深化合作，提升执法合力，打击有效犯罪，使中国

CITES 履约更上新台阶、再作新贡献，会议还审议通过国家旅游局加入部门间 CITES 执法工作协调小组，成员已包括公安部、农业部、海关总署、国家工商总局、国家质检总局、国家林业局、国家旅游局、中国海警局、国家邮政局 9 个部门。国家林业局副局长刘东生出席会议并讲话。

12 月 19 日，国家林业局、国家发展改革委、财政部联合发布印发《全国森林防火规划（2016—2025 年）》。《规划》指出，"未来 10 年，我国规划投资 450.95 亿元，重点实施林火预警监测系统、通信和信息指挥系统、森林消防队伍能力、森林航空消防、林火阻隔系统、森林防火应急道路六大建设任务等，形成完备的预防、扑救、保障三大体系建设，全面提高森林火灾综合防控能力，24 小时火灾扑灭率超过 95%，森林火灾受害率稳定在 0.9‰ 以内，推进森林防火治理体系和治理能力现代化。"

同日，国家林业局副局长彭有冬在北京会见大自然保护协会（TNC）首席执行官马克·特瑟克，双方就自然保护区管理与能力建设、生物多样些保护、国家公园建设及如何加强合作深入交换意见。

12 月 21 日，国家林业局发布 2016 年第 20 号公告，国家林业局批准发布《野外大熊猫救护及放归规范》等 19 项林业行业标准，自 2017 年 3 月 1 日起实施。

12 月 23 日，国家林业局发布 2016 年第 21 号公告，公布 2016 年第二批授予植物新品种权名单。

同日，第三届全国林业产业大会在北京召开。

12 月 27 日，国家林业局社团工作会议在北京召开。国家林业局党组书记、局长张建龙对林业社团工作作出批示。国家林业局党组成员、副局长张永利出席会议并讲话。

同日，中共中央组织部决定，李春良任国家林业局党组成员。

12 月 28 日，国家林业局发布 2016 年第 22 号公告，根据《国家沙化土地封禁保护区管理办法》（林沙发〔2015〕66 号）有关规定，将内蒙古自治区新巴尔虎左旗嵯岗等 61 个沙化土地封禁保护区，统一划定为国家沙化土地封禁保护区。

12 月 29 日，国家林业局举行首次宪法宣誓仪式，局长张建龙监誓并讲话，副局长张永利主持宣誓仪式，总经济师张鸿文领誓，国家森林防火指挥部专职副总指挥马广仁和直属机关 2016 年新提任的司局级干部依法进行宪法宣誓。国家林业局领导班子成员及直属机关主要负责人参加仪式，中央纪委驻农业部纪检组相关负责同志出席。

同日，国家林业局召开司局级干部廉政建设集体谈话会，与有关单位党政主要负责人签订廉政建设责任书。

12 月 30 日，国务院决定，任命李春良为国家林业局副局长。

同日，国家林业局发布通知，公布北京、河北、江西、西藏、甘肃、新疆 6 省（自治区、直辖市）的森林资源清查主要结果。

2017 年

1 月 4~5 日，2017 年全国林业厅（局）长会议在福建省三明市召开。国家林业局党组书记、局长张建龙作题为《把握新形势抓住新机遇推动林业现代化建设上新水平》的讲话。国家林业局党组成员、副局长张永利主持大会，局领导刘东生、李树铭、李春良、封加平、张鸿文、马广仁出席。福建省三明市、河北省张家口市、江苏省扬州市、浙江省湖州市、内蒙古森工集团、辽宁省桓仁县、贵州省荔波县、甘肃省民勤县作典型发言。

1 月 9 日，国家林业局推荐的"农林生物质定向转化制备液体燃料多联产关键技术""三种特色木本花卉新品种培育与产业升级关键技术""林木良种细胞工程繁育技术及产业化应用"等 4 个涉林成果获国家科学技术奖二等奖。

同日，中国第一颗专为林业定制的卫星"吉林林业一号"在甘肃酒泉发射成功。

1 月 11 日，国家林业局发布 2017 年第 2 号、第 3 号、第 4 号、第 5 号公告，公布 2017 年全国美国白蛾疫区、撤销的美国白蛾疫区、全国松材线虫病疫区、撤销的松材线虫病疫区。

1 月 12 日，中国科学家首次命名长臂猿新物种——高黎贡白眉长臂猿。

1月19～20日，国家林业局副局长李春良率团出席在尼泊尔首都加德满都召开的全球雪豹及其生态系统保护计划指导委员会第二次会议。全球12个雪豹分布国和相关国际组织代表参加会议。访尼期间，李春良会见尼泊尔副总理兼内政部长尼迪、森林和土壤保护部部长班达里，双方就进一步推进中尼野生动物保护合作交换意见；会见巴基斯坦气候变化部部长哈米德，并就建立中巴林业合作关系、推进跨境野生动物保护等座谈。

1月21日，国务院公布第三批取消中央指定地方实施行政许可事项名单，5项由省级林业行政主管部门实施的行政许可事项被列入名单。至此，林业部门已累计取消14项由地方林业部门实施的行政许可事项。

1月22日，国家林业局局长张建龙会见缅甸自然资源和环境保护部部长吴翁温。双方就推动中缅林业合作协议签署、加强林业投资和林产品贸易、森林可持续经营、森林防火、竹藤产业发展、教育科研等合作事宜进行商谈。

同日，国务院新闻办公室举行中国荒漠化防治有关情况新闻发布会，国家林业局副局长张永利向媒体介绍中国荒漠化防治有关情况，张永利指出，"中国已经为根治荒漠化这个'地球癌症'开出了'中国药方'，为实现世界土地退化零增长提供了'中国方案''中国模式'。"

1月26日，在国家发展改革委、工业和信息化部、国家网信办等联合主办的2016中国"互联网＋"峰会上，国家林业局选送的"中国林业数据开放共享平台"成功入选大会发布的《中国"互联网＋"行动百佳实践》，成为全国各行业各部门"互联网＋"建设的经典实践案例。

1月31日，中央办公厅、国务院办公厅印发《东北虎豹国家公园体制试点方案》《大熊猫国家公园体制试点方案》。

2月14日，全国森林公安深化改革工作会议在北京召开，会议对《关于深化森林公安改革的指导意见》进行了解读学习。公安部副部长李伟、国家林业局副局长李树铭出席会议并讲话。

2月17日，国家林业局发布2017年第6号公告，对10项强制性林业行业标准进行整合精简。废止《木材生产机械产品命名及型号编制规则》等8项强制性林业行业标准。

2月20日，内蒙古大兴安岭重点国有林管理局在内蒙古呼伦贝尔市牙克石挂牌成立，这是中国第一个挂牌成立的重点国有林管理机构，标志着国有林区改革迈出了关键一步。

2月23日，全国湿地保护工作座谈会在广东省广州市召开。

2月26日，主题为"倾听青年人的声音，依法保护野生动植物"的2017年"世界野生动植物日"系列宣传活动在北京动物园启动。美、德、英、越等8国驻华使节，联合国环境规划署、世界自然基金会、世界自然保护联盟等国际组织代表参加活动。

3月1日，武警森林指挥部党委二届十九次全体（扩大）会议在北京召开。国家森林防火指挥部总指挥、武警森林指挥部第一政委张建龙出席并讲话。张建龙要求，要深入学习贯彻习近平主席系列重要讲话精神，持续提升部队建设标准质量，争做党和人民的忠诚卫士、保卫森林资源的绿色卫士。武警森林指挥部党委书记、政委戴建国主持会议。武警森林指挥部司令员沈金伦、副司令员郭建雄等出席会议。

3月11日，全国绿化委员会办公室发布《2016年中国国土绿化状况公报》。

3月16日，国家林业局、黑龙江省人民政府、国家开发银行在北京签署合作协议，共同推进黑龙江国家储备林建设等林业重点领域发展，建设东北生态安全屏障和国家木材战略储备基地。

3月20日，国家林业局发布2017年第8号公告，发布《分期分批停止商业性加工销售象牙及制品活动的定点加工单位和定点销售场所名录》。

同日，国家林业局副局长彭有冬率团访问老挝，会见老挝副总理颂蒂·道昂蒂。双方探讨了高层交流、能力建设、林产业发展、林地利用等方面的合作，并与老挝农林部签署《关于林业合作的谅解备忘录》，推进双方在森林可持续经营、社区林业、森林防火、野生动植业大事记与重要会议物保护、森林执法、林业产业、林地确权等领域的合作交流。

同日，国家林业局东北森林防火协调中心更名为"国家林业局北方森林防火协调中心"，负责指导、协调北方省份森林防火工作，并成立北方森林航空消防训练基地。

3月25日，2017年共和国部长义务植树活动在北京市大兴区礼贤镇西郏河举行。此次植树活动以"着力推进国土绿化携手共建美好家园"为主题，中央国家机关和北京市162名部级领导干部参加植树活动。

3月27日，全国国土绿化和森林防火工作电视电话会议在北京召开，国家林业局局长张建龙通报了党的十八大以来国土绿化和森林防火工作情况，部署2017年重点工作。张建龙要求，要全力做好国土绿化和森林防火工作，加快补齐生态修复短板，全面提升生态产品供给能力。

3月28日，国家林业局、国家发展改革委、财政部联合印发《全国湿地保护"十三五"实施规划》。

3月29日，习近平、张德江、俞正声、刘云山、王岐山、张高丽等党和国家领导人到北京市朝阳区将台乡植树点，同首都群众一起参加义务植树活动。习近平总书记在活动中强调，植树造林，种下的既是绿色树苗，也是祖国的美好未来。要组织全社会特别是广大青少年通过参加植树活动，亲近自然、了解自然、保护自然，培养热爱自然、珍爱生命的生态意识，学习体验绿色发展理念，造林绿化是功在当代、利在千秋的事业，要一年接着一年干，一代接着一代干，撸起袖子加油干。

4月5日，在国家主席习近平和芬兰总统尼尼斯托的见证下，国家林业局局长张建龙与芬兰农业和林业部在荷兰赫尔辛基共同签署《中华人民共和国国家林业局与芬兰共和国农业和林业部关于共同推进大熊猫保护合作的谅解备忘录》。

同日，中国野生动物保护协会与芬兰艾赫泰里动物园签署了《中国野生动物保护协会与芬兰艾赫泰里动物园关于开展大熊猫保护研究合作的协议》。

4月10日，在国家主席习近平和缅甸总统吴廷觉见证下，国家林业局局长张建龙与缅甸驻华大使帝林翁在北京签署了《中华人民共和国国家林业局与缅甸联邦共和国自然资源和环境部关于林业合作的谅解备忘录》。

4月11日，打击野生动植物非法贸易部际联席会议第一次会议在北京召开，标志着打击野生动植物非法贸易部门间联动机制正式运行。

4月14日，国家林业局局长张建龙在京会见甘肃省代省长唐仁健，双方就甘肃生态保护、祁连山国家公园建设等交换意见。

4月17日，中央纪委驻农业部纪检组到国家林业局座谈调研，听取相关司局单位部门关于行政权力清单管理、廉政风险防控、工作职能等情况的工作汇报。国家林业局副局长李树铭主持座谈会。

4月19～26日，国家林业局局长张建龙率团访问埃塞俄比亚、埃及、以色列3国。访问期间，张建龙分别会见埃塞俄比亚环境林业与气候变化部部长葛梅多·戴勒、国务部长科拜戴·伊纳姆、埃及农业和农垦部部长阿布戴尔·莫内姆·艾尔班纳、以色列自然保护和国家公园管理局局长沙乌勒·戈德斯坦等，并与埃塞俄比亚环境林业与气候变化部、埃及农业和农垦部分别签署林业合作谅解备忘录。

4月27日，国家森林防火指挥部召开全国森林防火工作视频会议。会议强调，一定要按照国务院的统一部署，上下一心，振奋精神，坚决打赢春季防火关键期这场硬仗，维护国家森林资源和人民生命财产安全。

5月2日，中国共产党国家林业局直属机关第九次代表大会在北京召开。大会通过了《关于中国共产党国家林业局直属机关第八届委员会工作报告的决议》《关于中国共产党国家林业局直属机关纪律检查委员会工作报告的决议》，选举产生新一届中共国家林业局直属机关委员会和新一届直属机关纪律检查委员会。

同日，内蒙古大兴安岭毕拉河突发森林大火，国家森林防火指挥部紧急启动森林火灾Ⅱ级应急预案。习近平、李克强、汪洋等党和国家领导同志作出重要批示，并迅速派出以国家森林防火指挥部总指挥、国家林业局局长张建龙为组长的国务院赴火场工作组，赶赴毕拉河指导森林火灾扑救工作。

5月3日，在国家主席习近平和丹麦首相拉斯穆森的见证下，国家林业局副局长张永利与丹麦环境和食品部签署了《中华人民共和国国家林业局与丹麦王国环境和食品部关于共同推进大熊猫保护合作的谅解备忘录》。

同日，中国动物园协会与丹麦哥本哈根动物园签署了《关于开展大熊猫保护研究合作的协议》。

5月4日，国家林业局、国家发展改革委联合印发实施《全国沿海防护林体系建设工程规划（2016—2025年）》。规划提出，中国将通过加强沿海防护林体系建设，加固万里海疆绿色生态屏障，到2025年，工程区森林覆盖率将达到40.8%，沿海地区生态承载能力和抵御台风、海啸、风暴潮等自然灾害的能力明显增强。

5月5日，内蒙古大兴安岭毕拉河森林火灾全部扑灭。火灾过火面积11 500公顷，受害森林面积8 281.58公顷，9 430人参与扑救工作。

5月6日，中国林学会成立100周年纪念大会在北京人民大会堂召开。会前，国务院副总理汪洋接见了中国林学会梁希科学技术奖获奖代表。全国政协副主席、民进中央常务副主席罗富和出席大会，全国政协副主席、中国科协主席、科技部部长万钢向大会发来贺信。全国绿化委员会副主任、中国林学会理事长赵树丛主持大会。

同日，国家林业局局长张建龙到黑龙江大兴安岭林区加格达奇检查森林防火工作。张建龙要求，牢记"1987·5·6"大火教训，克服麻痹大意思想，不断加强森林防扑火能力建设，确保不发生大的森林火灾，确保人民生命财产安全和森林资源安全。

5月10日，全国绿化委员会、国家林业局作出决定，在全国绿化、林业战线广泛开展向山东省淄博市原山林场学习活动，以深入学习贯彻习近平总书记关于林业工作的重要批示指示精神，推进"两学一做"学习教育常态化制度化，激发广大林业系统干部职工加快林业改革发展的工作热情。

5月11日，国家林业局、国家发展改革委、财政部、国土资源部、环境保护部、水利部、农业部、国家海洋局联合印发《贯彻落实〈湿地保护修复制度方案〉的实施意见》，提出确保到2020年，建立较为完善的湿地保护修复制度体系，为维护湿地生态系统健康提供制度保障。

5月15日，国家林业局局长张建龙在北京会见乌拉圭牧农渔业部部长塔瓦雷·阿格雷。双方同意在《中华人民共和国国家林业局和乌拉圭东岸共和国牧农渔业部关于林业合作的谅解备忘录》下进一步加强定期交流机制，推动在人工林培育和天然林保护、林业应对气候变化、林产品贸易和投资、木材加工与森林药用技术应用等方面的全方位交流与合作。

5月17日，国家林业局局长张建龙在北京会见斯洛文尼亚副总理兼农业、林业和食品部部长戴扬·日丹。双方充分肯定了中国—中东欧国家林业合作协调机制自2016年5月启动以来取得的积极进展和成果，希望继续通过网站建设、交流研讨、市场推广等活动，进一步加强中国与包括斯洛文尼亚在内的中东欧国家在林业领域的全方位交流与合作。

5月20日，国家林业局局长张建龙会见出席全国公安系统英雄模范立功集体表彰大会的森林公安英模代表，要求全国森林公安机关和广大森林公安民警以森林公安英模为榜样，做到对党忠诚、服务人民、执法公正、纪律严明，为保护森林资源安全、维护林区社会稳定作出新的更大贡献。

5月22日，国家林业局、国家发展和改革委员会、科学技术部、工业和信息化部、财政部、中国人民银行等11部委联合印发《林业产业发展"十三五"规划》。

5月23日，习近平总书记对福建集体林权制度改革工作作出重要指示，充分肯定福建集体林改取得的明显成效，明确要求继续深化集体林权制度改革，更好实现生态美、百姓富的有机统一，充分体现了对集体林改工作的高度重视，是继续深化改革的基本遵循。

5月26日，人力资源和社会保障部、全国绿化委员会、国家林业局决定对全国防沙治沙先进集体和先进个人进行表彰，授予殷玉珍同志全国防沙治沙英雄称号，授予北京市昌平区园林绿化局等97个单位全国防沙治沙先进集体称号，授予宋昌等10名同志全国防沙治沙标兵称号，授予任星辉等101名同志全国防沙治沙先进个人称号。

5月30日，国家林业局总经济师张鸿文在荷兰出席欧维汉动物园大熊猫馆开馆仪式并致辞。荷兰前首相鲍肯内德、农业大臣马丁·范达姆等出席开馆仪式。

5月31日至6月1日，国家林业局局长张建龙赴福建省武平县就贯彻落实习近平总书记重要批示精神、全面深化集体林权制度改革进行专题调研。张建龙指出，福建是全国集体林权制度改革的发源地，改革推进15年来，为全国积累了宝贵经验、树立了典型标杆。要深入贯彻落实习近平总书记重要批示精神，以总书记重要批示精神为指引，继续深化集体林权制度改革，深入总结经验，不断开拓创新，更好实现生态美、百姓富的有机统一，为推动绿色发展、建设生态文明贡献力量。

6月2日，中国首个国家公园管理条例——《三江源国家公园条例（试行）》经青海省第十二届人大常委会第三十四次会议审议通过。

6月5日，国家林业局发布《三北防护林退化林分修复技术规程》，新规程自2017年9月1日实施。

6月6日，国家林业局专项巡视工作阶段总结暨2017年第三轮巡视动员部署会在北京召开。会议系统总结国家林业局专项巡视工作取得的阶段性成果，并对2017年第三轮专项巡视进行授权，作出相关巡视安排。

6月8日，全国森林资源管理工作会议在海南省海口市召开。

6月9~12日，国家林业局副局长张永利率团赴纳米比亚、津巴布韦开展野生动物保护宣讲。宣讲团分别与中国驻纳米比亚大使馆、中国驻津巴布韦大使馆联合举办濒危野生动植物保护及履约管理宣讲会，展示中国野生动植物保护取得的巨大成效和负责任大国形象。其间，张永利与津巴布韦环境、水与气候部部长穆春古丽举行双边会谈，双方就野生动物保护、荒漠化防治、湿地保护及植树造林等工作交换意见，并取得广泛共识。

6月12日，人力资源和社会保障部、中国科协、科技部、国务院国资委联合表彰首届全国创新争先奖获奖者。中南林业科技大学吴义强、北京林业大学张启翔、中国林业科学研究院蒋剑春3名林业科技工作者获奖。

6月13日，大兴安岭"1987·5·6"大火30周年座谈会暨2017年全国春防工作总结会议在黑龙江漠河召开。会议全面回顾1987年以来中国森林防火工作取得的显著成就，总结2017年春季森林防火工作情况，分析森林火险形势，安排部署当前及今后一个时期森林防火工作。

同日，全国绿化委员会印发《全民义务植树尽责形式管理办法（试行）》，明确全民义务植树尽责形式分为造林绿化、抚育管护、自然保护、认种认养、设施修建、捐资捐物、志愿服务、其他形式8类。

6月16日，国家林业局局长张建龙在北京会见斯里兰卡可持续发展与野生动植物部部长加米尼·佩雷拉。双方签署《中华人民共和国国家林业局和斯里兰卡可持续发展与野生动植物部关于自然资源保护合作的谅解备忘录》，双方同意在新签署的备忘录框架下推动务实合作，加强在自然资源保护、野生动植物保护、人力资源开发与培训、林业机械设备等领域的交流与合作。

6月18~22日，国家林业局启动为期5天的"走近中国林业·中国防治荒漠化成就"考察活动，向国际社会宣讲中国林业故事。来自缅甸、老挝、埃塞俄比亚、日本、越南等14个国家和国际组织的代表参观考察中国荒漠化防治和"三北"工程建设成就。

6月26日，中央全面深化改革领导小组第36次会议审议通过《祁连山国家公园体制试点方案》，决定开展祁连山国家公园体制试点。

6月29日，国家林业局、陕西省人民政府在陕西省宁陕县响潭沟举行国内首次林麝野化放归活动。

7月3日，2017年全国林业厅（局）长电视电话会议在北京召开。国家林业局党组书记、局长张建龙作题为《紧盯重点任务 狠抓工作落实 扎实推进林业现代化建设》的重要讲话。国家林业局党组成员、副局长张永利主持会议，局领导刘东生、彭有冬、李树铭、谭光明、封加平、张鸿文、马广仁，武警森林指挥部政委戴建国，中央纪委驻农业部纪检组副组长刘柏林出席会议。山西省、河南省、湖北省、海南省、青海省5个林业厅以及武警内蒙古森林总队、国家林业局国家公园筹备工作领导小组办公室作典型发言。

7月5日，在国家主席习近平和德国总理默克尔的共同见证下，国家林业局局长张建龙在德国柏林向柏林动物园园长克尼里姆移交了大熊猫"梦梦""娇庆"的档案，正式启动中德大熊猫保护研究合作项目。

7月7日，国家林业局局长张建龙在北京会见中共黑龙江省委书记张庆伟、省长陆昊，双方就加快推进国有林区改革等问题交换意见。

7月11日，国家林业局局长张建龙在北京会见马来西亚自然资源与环境部部长旺·朱乃迪。朱乃迪向张建龙递交了马来西亚政府关于返还大熊猫幼仔"暖暖"的信函。双方同意商签双边林业合作谅解备忘录，推动两国在森林可持续经营、生物多样性保护等方面的全方位合作。

同日，为贯彻落实《中央办公厅 国务院办公厅关于甘肃祁连山国家级自然保护区生态环境问题督查处理情况及其教训的通报》精神，环境保护部、国家林业局等7部委联合开展"绿盾2017"国家级自然保护区监督检查专项行动。

同日，国家林业局、福建省人民政府、国家开发银行在北京签署《共同推进深化福建省集体林权制度改革合作协议》，进一步拓宽融资渠道，共同推进福建集体林权制度改革和生态文明试验区建设。

7月18日，国家林业局印发《关于加快培育新型林业经营主体的指导意见》，鼓励和引导社会资本积极参与林业建设，培育林业发展生力军，释放农村发展新动能，实现林业增效、农村增绿、农民增收。

7月19日，中央全面深化改革领导小组第37次会议审议通过《建立国家公园体制总体方案》。

同日，人力资源和社会保障部、国家林业局对全国集体林权制度改革先进集体和先进个人进行表彰，授予北京市园林绿化局农村林业改革发展处等100个单位"全国集体林权制度改革先进集体"称号，授予刘士河等100名同志"全国集体林权制度改革先进个人"称号。

7月27日，全国深化集体林权制度改革经验交流会在福建省武平县召开，国务院副总理汪洋出席会议并讲话。汪洋指出，要深入学习贯彻习近平总书记关于深化集体林权制度改革的重要指示精神，按照党中央、国务院的决策部署，紧紧围绕增绿、增质、增效，着力构建现代林业产权制度，创新国土绿化机制，开发利用集体林业多种功能，广泛调动农民和社会力量发展林业，更好实现生态美、百姓富的有机统一。国家林业局局长张建龙主持会议。

7月28~30日，第六届库布其国际沙漠论坛在内蒙古举行。本届论坛以"绿色'一带一路'共享沙漠经济"为主题，中共中央总书记、国家主席习近平为论坛致信祝贺，国务院副总理马凯出席开幕式，宣读中国国家主席习近平致论坛的贺信并致辞。全国政协副主席、科技部部长万钢出席并致辞。中共内蒙古自治区党委书记李纪恒、国家林业局局长张建龙出席开幕式并致辞。

8月3日，中国林科院木材工业研究所人造板与胶黏剂研究室获"全国工人先锋号"称号。

同日，为落实国务院领导关于加强松材线虫病防治工作重要批示精神，国家林业局、国家质量监督检验检疫总局在浙江宁波启动为期两年的"服务林业供给侧结构性改革保障进出口林产品安全"联合专项行动。

8月8日，国家林业局印发《贯彻落实〈沙化土地封禁保护修复制度方案〉实施意见》。

8月17日，国家林业局和中央纪委驻农业部纪检组联合召开推进深度贫困地区林业脱贫攻坚暨全国退耕还林突出问题专项整治工作总结电视电话会议，落实扶贫领域监督执纪问责工作部署，大力推进深度贫困地区林业脱贫攻坚工作。国家林业局局长张建龙、中央纪委驻农业部纪检组组长宋建朝出席会议并讲话。

8月18日，首届中国绿色产业博览会在黑龙江省七台河市开幕。1 000多家企业的5 000多种绿色产品在为期5天的展会上参展洽谈。国家林业局副局长刘东生出席博览会开幕式并致辞。

8月19日，东北虎豹国家公园国有自然资源资产管理局、东北虎豹国家公园管理局成立座谈会在长春召开。这标志着中国第一个由中央直接管理的国家自然资源资产和国家公园管理机构正式建立。

8月21日，第十二届国际生态学大会在北京开幕，主题是"变化环境中的生态学与生态文明"。全国政协副主席罗富和出席开幕式并致辞。国家林业局局长张建龙、国际生态学会主席肖娜·迈尔斯、中国科协书记处书记束为出席开幕式并致辞。

8月24~25日，国家林业局副局长李春良出席在吉尔吉斯斯坦首都比什凯克召开的全球雪豹及其生态系统保护论坛。全球12个雪豹分布国和国际组织代表500多人出席论坛。吉尔吉斯斯坦总统阿塔姆巴耶夫出席开幕式并致辞。论坛通过《比什凯克宣言》，呼吁各界继续加大对雪豹的保护支持。参会期间，李春良分别会见吉尔吉斯斯坦、尼泊尔、巴基斯坦等国林业及相关部门领导，并就推进林业、野生动物保护合作交换意见。

8月25日，国家林业局部署在全国范围内开展防沙治沙执法工作专项督查。

8月26~30日，国家林业局副局长李春良率团访问俄罗斯，并会见俄罗斯自然资源和生态部副部长、林务局局长瓦连基克。双方就落实2016年6月在中俄两国元首见证下新签署的《中俄两国林业合作谅解备忘录》交换意见，并表示将在"一带一路"倡议大背景下，加强林业全方位互利合作。

8月28日，新华社刊发习近平总书记对河北塞罕坝林场建设者感人事迹作出的重要指示。55年来，河北塞罕坝林场的建设者们听从党的召唤，在黄沙遮天日、飞鸟无栖树的荒漠沙地上艰苦奋斗、甘于奉献，创造了荒原变林海的人间奇迹，用实际行动诠释了绿水青山就是金山银山的理念，铸就了牢记使命、艰苦创业、绿色发展的塞罕坝精神。他们的事迹感人至深，是推进生态文明建设的一个生动范例。全党全社会要坚持绿色发展理念，弘扬塞罕坝精神，持之以恒推进生态文明建设，一代接着一代干，驰而不息，久久为功，努力形成人与自然和谐发展新格局，把我们伟大的祖国建设得更加美丽，为子孙后代留下天更蓝、山更绿、水更清的优美环境。

同日，学习宣传河北塞罕坝林场生态文明建设范例座谈会在北京召开。中央政治局委员、中宣部部长刘奇葆出席会议并讲话。刘奇葆传达了习近平总书记的重要指示并讲话。他表示，塞罕坝林场建设实践是习近平总书记关于加强生态文明建设的重要战略思想的生动体现，要深刻领会习近平总书记关于加强生态文明建设的重要战略思想的丰富内涵和重大意义，总结推广塞罕坝林场建设的成功经验，大力弘扬塞罕坝精神，加强生态文明建设宣传，推动绿色发展理念深入人心，推动全社会形成绿色发展方式和生活方式，推动美丽中国建设，以生态文明建设的优异成绩迎接党的十九大胜利召开。

8月30日，中共中央宣传部、国家发展改革委、国家林业局和中共河北省委在人民大会堂联合举办塞罕坝林场先进事迹报告会。刘云山会见塞罕坝林场先进事迹报告团成员，代表习近平总书记，代表党中央，向报告团成员和塞罕坝林场干部职工表示亲切问候，对学习宣传塞罕坝林场先进事迹提出要求。

8月31日，国家林业局党组召开理论中心组学习会议，认真学习习近平总书记对河北塞罕坝林场建设者感人事迹作出的重要指示精神，研究部署贯彻落实措施。国家林业局党组书记、局长张建龙要求，全国林业系统要迅速掀起贯彻落实习近平总书记重要指示精神的热潮，以塞罕坝林场为榜样，持之以恒，迎难而上，加快推进林业改革发展，为建设生态文明和美丽中国、全面建成小康社会贡献力量。国家林业局领导刘东生、彭有冬、李树铭、李春良、封加平、张鸿文、马广仁出席会议并发言。

9月1日，中共中央办公厅、国务院办公厅印发《祁连山国家公园体制试点方案》。

同日，主题为"花儿绽放新丝路"的第九届中国花卉博览会在宁夏回族自治区银川市开幕。

9月6日，《联合国防治荒漠化公约》第十三次缔约方大会在内蒙古自治区鄂尔多斯市开幕。国家林业局局长张建龙在开幕式上致辞并当选为第十三次缔约方大会主席。联合国防治荒漠化公约秘书处执行秘书莫妮卡·巴布、内蒙古自治区政府主席布小林出席开幕式并致辞。大会期间，"一带一路"防治荒漠化合作机制在内蒙古自治区鄂尔多斯市正式启动。

9月11~12日，《联合国防治荒漠化公约》第十三次缔约方大会高级别会议在内蒙古自治区鄂尔多斯市召开。中共中央总书记、国家主席习近平致信祝贺。中央政治局委员、国务院副总理汪洋在开幕式上宣读习近平的贺信并发表主旨演讲。大会达成了具有历史意义的成果《鄂尔多斯宣言》。中国因防沙治沙取得的巨大成就被世界未来委员会和联合国防治荒漠化公约联合授予2017年"未来政策奖"银奖，国家林业局局长张建龙被授予"全球荒漠化治理杰出贡献奖"。大会还批准加拿大重新成为《联合国防治荒漠化公约》缔约方成员。

9 月 13 日，2017 年濒危物种履约管理培训暨工作会议在四川省都江堰市召开。

9 月 19 日，中共中央办公厅、国务院办公厅印发《建立国家公园体制总体方案》。《方案》将提出按照"科学定位、整体保护，合理布局、稳步推进，国家主导、共同参与"的原则，到 2020 年，基本建立完成国家公园体制试点，整合设立一批国家公园，分级统一的管理体制基本建立，初步形成国家公园的总体布局。

同日，全国林业援疆工作会议在新疆维吾尔自治区阿克苏地区召开。会议提出，实施生态屏障、林果业精准提升、生态扶贫三项工程，为建设社会主义新疆作出更大贡献。会议期间，国家林业局、新疆维吾尔自治区政府、新疆生产建设兵团、中国农业发展银行签署合作协议，国家林业局、新疆维吾尔自治区政府、新疆生产建设兵团签署战略合作协议，全面支持南疆深度贫困地区林果业提质增效，助力南疆深度贫困地区加快脱贫进程。

9 月 21 日，2017 年全国军地联合灭火演习暨"五联"机制建设试点现场会在内蒙古自治区呼伦贝尔市举行。国家林业局局长张建龙传达汪洋副总理重要批示精神，要求认真总结联防、联训、联指、联战、联保"五联"机制经验，深入推进"五联"机制建设，全面提升森林防火综合应急能力。

9 月 22 日，全国秋冬季森林防火工作会议在内蒙古自治区呼伦贝尔市召开。国家林业局副局长李树铭出席会议并讲话。李树铭指出，一定要从讲政治的高度，坚决贯彻落实好中央领导同志的重要批示精神，坚决打好秋冬季森林防火工作攻坚战，确保党的十九大期间不发生大的森林火灾。

9 月 25 日，2017 中国森林旅游节在上海开幕，活动主题是"绿水青山就是金山银山——走进森林，让城市生活更精彩"。全国政协副主席罗富和出席开幕式并参观展馆。国家林业局副局长张永利出席开幕式。

9 月 25～26 日，国家林业局与国务院扶贫办在山西省吕梁市联合召开全国林业扶贫现场观摩会，深入学习贯彻习近平总书记在深度贫困地区脱贫攻坚座谈会上的重要讲话精神，落实党中央、国务院关于脱贫攻坚的决策部署，总结推广山西林业扶贫经验，安排部署林业扶贫工作，为打赢脱贫攻坚战作出更大贡献。

9 月 27 日，国家林业局印发《国家沙漠公园管理办法》。该办法自 2017 年 10 月 1 日起实施，有效期至 2022 年 12 月 31 日。

9 月 28 日，国家林业局印发《关于加强林下经济示范基地管理工作的通知》，要求各级林业主管部门加强林下经济示范基地培育和建设工作。

同日，中国野生植物保护协会第三次全国会员代表大会在北京召开，选举产生协会第三届理事会。

10 月 10 日，2017 森林城市建设座谈会在河北省承德市召开。河北省承德市、吉林省通化市、安徽省铜陵市等 19 个城市被授予"国家森林城市"称号。

10 月 24～25 日，国家林业局在浙江省杭州市召开履行《联合国森林文书》示范单位建设工作会议。

10 月 25 日，国家林业局局长张建龙签发第 45 号国家林业局令，公布《国家林业局委托实施林业行政许可事项管理办法》。《办法》自 2017 年 12 月 1 日起施行，2013 年 1 月 22 日发布的《国家林业局委托实施野生动植物行政许可事项管理办法》（国家林业局令第 30 号）同时废止。

10 月 26 日，国家林业局召开全局党员领导干部大会，传达学习党的十九大精神，张建龙、张永利、刘东生、彭有冬、李树铭、李春良、谭光明、封加平、张鸿文、马广仁出席。

10 月 30 日，中国—中东欧林业科研教育合作国际研讨会在北京召开。中国国家林业局副局长刘东生，中国—中东欧国家林业合作执行协调机构执行主任、斯洛文尼亚农业林业和食品部林业局局长亚内兹·查弗兰，波兰环境部副部长安德烈·安托尼·柯尼兹尼出席开幕式。

10 月 30 日至 11 月 2 日，国家林业局副局长彭有冬率团赴韩国首尔出席第四届亚太经合组织（APEC）林业部长级会议。

11 月 1 日，国家林业局局长张建龙签发第 46 号国家林业局令，公布《野生动物及其制品价值评估方法》，自 2017 年 12 月 15 日起施行。

11 月 3 日，国家林业局党组理论中心组召开学习会议，传达学习《中共中央关于认真学习宣传贯彻党的十九大精神的决定》，对学习宣传贯彻党的十九大精神进行再安排再部署。国家林业局党组书记、局长张建龙强调，要以高度的政治责任感和历史使命感，深刻认识党的十九大召开的重大历史意义，迅速掀起学习宣传贯彻党的十九大精神热潮。局领导张永利、彭有冬、李树铭、李春良、谭光明、封加平、张鸿文、马广仁分别发言。

11 月 6 日，国际竹藤组织成立 20 周年志庆暨竹藤绿色发展与南南合作部长级高峰论坛在北京举行。中共中央总书记、国家主席习近平发来贺信。全国政协人口资源环境委员会主任贾治邦、国家林业局局长张建龙、外交部副部长李保东等出席论坛开幕式并致辞。30 多个国家的部长、驻华大使和外交使节参加志庆和高峰论坛。

11 月 10 日，国家林业局印发《关于加快深度贫困地区生态脱贫工作的意见》，明确到 2020 年，在深度贫困地区，力争完成营造林面积 80 万公顷，组建 6 000 个造林扶贫专业合作社，吸纳 20 万贫困人口参与生态工程建设，新增生态护林员指标的 50%安排到深度贫困地区，通过大力发展生态产业，带动约 600 万贫困人口增收。

11 月 13 日，国家林业局公布第一批国家森林步道名单，分别是秦岭、太行山、大兴安岭、罗霄山、武夷山 5 条国家森林步道。国家森林步道是指穿越生态系统完整性、原真性较好的自然区域，串联一系列重要的自然和文化点，为人们提供丰富的自然体验机会，并由国家相关部门负责管理的步行廊道系统。

同日，国家林业局废止《关于颁布〈林业部关于加强森林资源管理若干问题的规定〉的通知》（林资字〔1988〕297 号）等 25 件规范性文件。2013 年以来，国家林业局累计宣布失效或废止的规范性文件 110 余件，现行有效的规范性文件有 203 件。

11 月 13~15 日，集体林业综合改革试验示范工作推进会在四川省崇州市召开。

11 月 14 日，国家林业局副局长彭有冬在北京会见了保护国际基金会（CI）全球董事会主席彼得·瑟里格曼。双方围绕生态保护、国家公园体制建设、林业应对气候变化、大象保护及"一带一路"倡议下开展合作等有关事宜进行了交流，并同意就具体合作项目进行进一步磋商。

11 月 16 日，中国—东盟林业合作推进会在广西壮族自治区南宁市召开。

11 月 19~20 日，第五届全国林业信息化工作会议在广西壮族自治区南宁市召开。

11 月 21 日，国家林业局发布 2017 年第 20 号公告。公告宣布，自 2017 年 12 月 1 日起，国家林业局停止受理商业性加工销售象牙及制品活动的相关行政许可申请。

11 月 22 日，百度、阿里巴巴和腾讯联合 58 集团等 8 家互联网企业共同发起成立中国首个打击网络野生动植物非法贸易互联网企业联盟。根据联盟章程，所有联盟成员公司承诺严格遵守《野生动物保护法》和《濒危野生动植物种国际贸易公约》等法律法规，对网络野生动植物及其制品非法交易行为采取"零容忍"，在各自平台上，严格审查非法贸易信息，防治违法信息在网络上散播，并积极支持配合执法部门工作。

11 月 23 日，全国林业系统纪检组长（纪委书记）座谈会在江西省南昌市召开。国家林业局副局长张永利、中央纪委驻农业部纪检组组长吴清海出席会议并讲话。

11 月 24 日，国家林业局印发《关于切实做好东北虎豹、大熊猫、雪豹等珍稀濒危野生动物和森林资源保护工作的通知》，要求迅速组织开展专项行动，严厉打击各种违法行为，切实做好国家公园试点区域内东北虎豹、大熊猫、雪豹等珍稀濒危野生动物和森林资源保护工作。

11 月 26 日，国家林业局副局长李春良出席在印度尼西亚茂物野生动物园举办的"中国—印尼大熊猫保护合作研究启动仪式"并致辞。在国务院副总理刘延东见证下，李春良向印尼环境与林业部总司长维兰托移交了大熊猫"湖春""彩淘"的档案，正式启动中国—印尼大熊猫保护合作研究项目。

11 月 27 日，中国林业科学研究院张守攻、蒋剑春当选中国工程院院士。目前，林业高等院校及研究院所共有中国工程院院士 10 名。

12 月 1 日，国家林业局局长张建龙签发第 47 号国家林业局令，公布《野生动物收容救护管理办法》。《办法》自 2018 年 1 月 1 日起施行。

12 月 5 日，国家林业局局长张建龙签发第 48 号国家林业局令，公布《国家林业局关于修改〈湿地保护管理规定〉的决定》，自 2018 年 1 月 1 日起施行。同日，2017 现代林业发展高层论坛在北京举行，主题是"新时代：林业发展新机遇新使命新征程"。

12 月 8 日，国家林业局公布 2017 年度加入国家陆地生态系统定位观测研究站网生态站名录，新增 9 个生态站。至此，国家林业局已建立森林、荒漠、湿地等国家陆地生态系统定位观测研究站 188 个。

同日，中国第一个以林业、生态等领域文化与自然遗产为研究对象的专门机构——北京林业大学文化与自然遗产研究院成立。

同日，国家林业局制定印发《国家林业局贯彻落实中央八项规定实施细则精神的实施意见》。《实施意见》从改进调查研究、精简会议活动、精简文件简报、规范出访活动、改进新闻报道、厉行勤俭节约、加强督促检查 7 个方面对国家林业局深入贯彻落实中央八项规定实施细则精神作出明规定。

12 月 11 日，全国国有林场和国有林区改革推进会在北京召开。中共中央政治局常委、国务院副总理汪洋出席会议并讲话。汪洋强调，要认真学习贯彻党的十九大精神，以习近平新时代中国特色社会主义思想为指导，落实新发展理念，增强"四个意识"，按照党中央确定的改革方案，强化落实责任，确保如期完成各项改革任务，为推动绿色发展、建设生态文明提供有力的制度保障。要勇于打好改革的攻坚战，加快推进国有林区林场政事企分开，完善森林资源监管体制，转变林区林场发展方式，全面加强森林保护，改善林区林场基本民生。国家林业局局长张建龙作工作汇报，副局长刘东生、副局长李树铭出席。

12 月 17 日，国家林业局、贵州省人民政府、中国农业发展银行签订《全面支持贵州林业改革发展战略合作协议》。

12 月 19 日，中国银监会、国家林业局、国土资源部联合印发《关于推进林权抵押贷款有关工作的通知》。

12 月 21 日，胡章翠任全国绿化委员会办公室专职副主任。

2018 年

1 月 4~5 日，2018 年全国林业厅（局）长会议在浙江省湖州市安吉县召开。张建龙局长作题为《坚持新思想引领推动高质量发展全面提升新时代林业现代化建设水平》的重要讲话。张永利副局长主持大会，刘东生、彭有冬、李树铭、李春良、谭光明、张鸿文、马广仁等局领导出席。北京市园林绿化局、浙江省林业厅、山西省右玉县、河北省塞罕坝机械林场、福建省永安市洪田村党支部等 10 家单位作典型发言。

1 月 8 日，东北林业大学"基于木材细胞修饰的材质改良与功能化关键技术"、浙江农林大学"竹林生态系统碳汇监测与增汇减排关键技术及应用"、南京林业大学"中国松材线虫病流行规律与防控新技术" 3 个项目和中国林业科学研究院湿地研究所编著的科普读物《湿地北京》获得国家科学技术进步奖二等奖。

1 月 9 日，人力资源和社会保障部、全国绿化委员会、国家林业局作出决定，授予山东省淄博市原山林场党委书记孙建博"林业英雄"称号。人力资源和社会保障部、国家林业局作出决定，授予北京市林业种子苗木管理总站等 99 个单位"全国林业系统先进集体"称号，授予何茂等 115 名同志"全国林业系统劳动模范"称号，授予袁士保等 113 名同志"全国林业系统先进工作者"称号。

1 月 10 日，澜沧江—湄公河合作第二次领导人会议在柬埔寨召开。会议发布《澜沧江—湄公河合作五年行动计划（2018—2022）》，国家林业局申报、亚太森林组织实施的"澜沧江—湄公河次区域森林生态系统综合管理规划与示范项目"列入《澜湄合作第二批项目清单》。

1月11日，在国务院总理李克强和柬埔寨首相洪森的共同见证下，张建龙局长和柬埔寨农林渔业部大臣翁萨坤签署了《关于在柬埔寨建设珍贵树种繁育中心的协议》。根据协议，我国将帮助柬埔寨加强珍贵树种繁育能力建设，保护珍贵树种种源。

1月19日，国家发展改革委办公厅、财政部办公厅、国土资源部办公厅、国家林业局办公室联合印发《关于开展新建规模化林场试点工作的通知》，确定在河北省雄安新区白洋淀上游、内蒙古自治区浑善达克沙地、青海省湟水流域开展新建规模化林场试点。同日，"吉林林业二号"卫星在中国酒泉卫星发射中心成功发射。

1月25日全国政协副主席、民进中央原第一副主席罗富和到国家林业局走访调研。罗富和要求，要坚持以习近平新时代中国特色社会主义思想为指导，发扬林业建设者艰苦奋斗、无私奉献的精神，抓住当前有利时机，推动林业高质量发展。张建龙局长作工作汇报，张永利、刘东生、李树铭、李春良、谭光明、张鸿文、胡章翠等局领导出席。

1月29日，张建龙局长在北京会见《湿地公约》秘书长玛莎·乌瑞格。双方表示将继续加强合作，共同探索进一步提高国际社会和各国政府对湿地保护的重视程度。

2月1日，国家林业局全面从严治党工作会议在北京召开。国家林业局党组书记、局长张建龙，中央纪委驻农业部纪检组组长吴清海出席会议并讲话。国家林业局党组成员、副局长张永利主持会议并传达十九届中央纪委二次全会精神，刘东生、彭有冬、李树铭、李春良、谭光明、张鸿文、马广仁、胡章翠等局领导出席会议。

同日，国家林业局党组召开专项巡视整改工作推进会，研究部署局巡视反馈意见整改落实工作，进一步推进党风廉政建设和反腐败工作。

2月8日，国家林业局东北虎豹监测与研究中心在北京师范大学成立，并开通东北虎豹国家公园自然资源监测系统。

2月12日，中国林业网荣获大世界吉尼斯总部颁发的大世界吉尼斯之最"规模最大的政府网站群——中国林业网"。

2月28日，中国共产党第十九届中央委员会第三次全体会议通过《深化党和国家机构改革方案》。决定组建国家林业和草原局，并加挂国家公园管理局牌子，由自然资源部管理。主要负责监督管理森林、草原、湿地、荒漠和陆生野生动植物资源开发利用和保护，组织生态保护和修复，开展造林绿化工作，监督管理国家公园等各类自然保护地，统筹森林、草原、湿地、荒漠监督管理，加快建立以国家公园为主体的自然保护地体系，保障国家生态安全。

3月3日，中国芬兰大熊猫保护研究合作项目启动仪式暨芬兰艾赫泰里动物园大熊猫馆开馆仪式在芬兰艾赫泰里市举行。中国国家林业局代表团、中国驻芬兰大使以及芬兰总理西比莱、芬兰农林部部长亚里·莱佩等出席仪式。

3月11日，全国绿化委员会办公室印发《2017年中国国土绿化状况公报》。公报显示，2017年我国国土绿化事业取得新成绩，全国共完成造林736.2万公顷，森林抚育830.2万公顷。天然林资源保护管护森林面积1.3亿公顷，新增天然林管护补助资金面积近1333万公顷。退耕还林造林91.2万公顷，"三北"及长江流域等重点防护林体系工程造林99.1万公顷。全国城市建成区绿地率达36.4%，人均公园绿地面积达13.5平方米。完成公路绿化里程5万公里。沙化土地治理221.3万公顷，新建自然保护区50.3万公顷，草原综合植被盖度55.3%。全国年均种子产量2700万千克，苗木410亿株，全国经济林产品产量1.8亿吨，经济林种植和采集业实现产值1.3万亿元。

3月12日，以"履行植树义务共建美丽中国"为主题的2018年全国全民义务植树系列宣传活动在四川省成都市启动。

3月21日，全国绿化委员会、国家林业局和首都绿化委员会在北京市房山区联合举办2018年"国际森林日"植树纪念活动，来自10多个国家和国际组织的代表及各界群众200余人参加植树活动。

3月23日，喀麦隆总统保罗·比亚访问国际竹藤组织总部，国际竹藤组织董事会联合主席江泽慧、国际竹藤组织总干事费翰思、国家林业和草原局副局长彭有冬一同会见。

3月26日，亚太地区森林恢复国际会议暨亚太森林组织十周年回顾活动在北京举行。300多位各国部长、国际组织官员、外国使节等参会。国家林业和草原局副局长彭有冬、亚太森林组织董事会主席赵树丛出席并致辞。

3月27日，生态环境部、自然资源部、水利部、农业农村部、国家林业和草原局、中国科学院、国家海洋局等7部门联合召开视频会议，安排部署"绿盾2018"自然保护区监督检查专项行动。

4月1日～5月31日，"春雷2018"专项打击行动期间，全国各级森林公安机关共办理各类案件3.6万余起，收缴林木木材约3.5万立方米、林地5.7万余亩、各类野生动物7.7万余头（只），打击处理各类违法犯罪3.7万余人（次），涉案金额近3亿元。

4月2日，习近平、李克强、栗战书、汪洋、王沪宁、赵乐际、韩正、王岐山等党和国家领导人在北京市通州区张家湾镇，同首都群众一起参加义务植树活动。习近平总书记在活动中强调，"开展国土绿化行动，既要重视数量更要重视质量，坚持科学绿化、规划引领、因地制宜，走科学、生态、节俭的绿化发展之路，久久为功、善做善成，不断扩大森林面积，不断提高森林质量，不断提升生态系统质量和稳定性。我们既要着力美化环境，又要让人民群众舒适地生活在其中，同美好环境融为一体。各级领导干部要率先垂范、身体力行，以实际行动引领带动广大干部群众像对待生命一样对待生态环境，持之以恒开展义务植树，踏踏实实抓好绿化工程，丰富义务植树尽责形式，人人出力，日积月累，让我们美丽的祖国更加美丽。前人栽树，后人乘凉，我们这一代人就是要用自己的努力造福子孙后代。"张建龙局长一同参加植树活动。

4月3日，全国国土绿化、森林防火和防汛抗旱工作电视电话会议在北京召开。国务院总理李克强作出重要批示，国务院副总理胡春华出席会议并讲话，国务委员王勇主持会议。张建龙局长汇报国土绿化和森林防火工作。

4月9日，国家林业和草原局印发《关于充分发挥乡镇林业工作站职能作用全力推进林业精准扶贫工作的指导意见》，要求各地各单位认真抓好生态护林员工作落实，引导组建扶贫攻坚造林专业合作社，主动落实乡镇林业站扶贫"四到户服务"工作。

4月10日，国家林业和草原局（国家公园管理局）举行揭牌仪式。自然资源部党组成员，国家林业和草原局党组书记、局长张建龙为国家林业和草原局（国家公园管理局）揭牌，国家林业和草原局党组成员、副局长张永利主持揭牌仪式。副局长刘东生，局党组成员、副局长彭有冬、李树铭、李春良，局党组成员谭光明，局总经济师张鸿文，国家森林防火指挥部专职副总指挥马广仁，全国绿化委员会办公室专职副主任胡章翠出席揭牌仪式。

4月18日，中国与蒙古国签署中国政府援助蒙古国戈壁熊保护技术项目实施协议。这是中国政府首个野生动物保护技术援外项目，项目将为保护蒙古国的"国熊"及其生存环境提供支持援助，该项目由中国林业科学研究院森林生态环境与保护研究所执行实施。

4月19日，国家森林防火指挥部成员单位会议在北京召开。会议要求，严格执行党中央、国务院关于森林防火工作的安排部署，充分发挥好森林防火指挥部成员单位作用，做好森林火灾防控，提升森林防火能力，确保森林防火工作不出现大的问题。国家森林防火指挥部总指挥、国家林业和草原局局长张建龙出席会议并讲话。

4月27日，国家林业和草原局草原监督管理专题咨询会在北京召开，与会专家学者围绕草原监督管理主题，从摸清本底、统筹规划、加强监管、科技支撑、传承草原文化等不同角度，为提高草原监督管理水平提出意见建议。张建龙局长、专家咨询委员会常务副主任江泽慧出席会议并讲话，彭有冬副局长主持会议。

4月28日，庆祝"五一"国际劳动节暨全国五一劳动奖状、奖章和全国工人先锋号表彰大会在北京召开。内蒙古根河林业局获全国五一劳动奖状，黑龙江省绥阳重点国有林管理局二道岗经营所主任孙士杰等7人获全国五一劳动奖章，北京市共青林场李遂林业分场等6个集体获全国工人先锋号。

5月2~9日，国家林业和草原局代表团赴西班牙马德里参加国际狩猎和野生动物保护理事会（CIC）第65届代表会员大会，大会宣布中国野生动物保护协会被正式接纳为社团组织会员。5月7日联合国森林论坛第13届会议在美国纽约召开，彭有冬副局长率团出席，并与世界自然基金会、野生救援、自然资源保护协会负责人分别签署合作协议。

5月9日，国家林业和草原局印发《关于进一步放活集体林经营权的意见》，进一步拓展集体林权特别是经营权权能，保护经营者的合法权益，鼓励社会资本进山入林发展适度规模经营，促进小农户与现代林业发展有机衔接。

5月11日，张建龙局长在北京会见乌拉圭牧农渔业部部长恩佐·贝内奇。双方深入交流两国林业和草原发展近况和重点工作，探讨在林业产业、林产品贸易与投资、人工林培育和天然林保护等领域的合作前景，并同意于今年召开中乌林业工作组第一次会议。同日，部分省区市森林防火工作座谈会在北京召开。会议对机构改革期间的森林防火工作进行再动员、再强调、再部署，确保全年森林防火工作不出现大的问题。

5月14日，第二次中国—中东欧国家林业合作高级别会议在塞尔维亚首都贝尔格莱德召开，刘东生副局长、塞尔维亚农林水利部部长布拉尼斯拉夫·内迪莫维奇以及来自阿尔巴尼亚等16国林业主管部门的高级别代表出席会议。

同日，国家林业和草原局印发《中国森林旅游节管理办法》，并自2018年6月1日起施行。

5月20日，主题为"践行'两山'理念共建生态文明—林业和草原科技助力绿色发展"的2018年全国林业和草原科技活动周在西北农林科技大学启动。

5月28日，滇桂黔石漠化片区区域发展与扶贫攻坚现场推进会在云南省文山壮族苗族自治州举行。张建龙局长、水利部部长鄂竟平、云南省省长阮成发出席会议并讲话。

5月28日，中国林业科学研究院林业研究所成立草地资源与生态研究室。

5月30日，在中国国际新闻交流中心组织下，来自安哥拉、博茨瓦纳、南非等28个非洲国家的29名非洲记者专程到国家林业和草原局，采访中国野生动物保护事业。

5月31日，国家林业和草原局决定在全国集中开展自然保护地大检查行动。

同日，国家林业和草原局生态安全工作座谈会在北京召开，这标志着国家林业和草原局生态安全工作协调机制正式启动运行。

6月5日，全国油茶产业发展现场会在湖南省衡阳市召开。李春良副局长、湖南省副省长隋忠诚出席并讲话。同日，2018森林中国大型公益系列活动在北京正式启动，张永利副局长出席启动仪式。同日，北京大学生态研究中心揭牌仪式暨生态学科发展论坛在北京大学举行，彭有冬副局长、北京大学校长林建华等领导出席并致辞。

6月8日，张建龙局长在北京会见古巴农业部部长古斯塔沃·罗德里格斯·洛约罗。双方同意进一步探讨在林业经贸、生物质能源、林业科技等领域的合作。

同日，"走近中国林业·外国使节看三北"座谈会在山西省运城市召开，彭有冬副局长出席会议。外国使节考察团表示，三北工程为中国乃至世界作出了贡献，在水土流失治理、湿地保护、乡村振兴、兴林富民多领域提供了国际样板。

6月9日，国家林业和草原局与贵州省人民政府在北京人民大会堂联合主办"世界文化和自然遗产日"大会，张建龙局长出席大会并致辞。

6月10~12日，张建龙局长在福建调研集体林权制度改革工作。张建龙强调，要深入学习贯彻习近平生态文明思想和习近平总书记关于集体林权制度改革的重要批示指示精神，认真践行绿水青山就是金山银山的理念，总结推广福建全面深化集体林权制度改革的先进经验，服务乡村振兴战略和精准扶贫脱贫，推动全国集体林权制度改革不断向纵深发展，更好实现生态美、百姓富有机统一。在闽期间，张建龙还为福建农林大学新成立的国家林业和草原局集体林业改革发展研究中心揭牌。

6月14日，主题为"防治土地荒漠化助力脱贫攻坚战"的第24个世界防治荒漠化与干旱日纪念大会在陕西省榆林市召开。全国政协副主席郑建邦、张建龙局长、陕西省省长刘国中出席大会并讲话，刘东生副局长主持。联合国副秘书长、防治荒漠化公约执行秘书莫妮卡·巴布为大会发来贺信。会上，国家林业和草原局与国家开发银行签署了《共同推进荒漠化防治战略合作框架协议》。

6月16日，张建龙局长在北京会见莫桑比克土地、环境和农村发展部部长塞尔索·伊斯梅尔·科雷亚，双方签署林业合作谅解备忘录。

6月19日，国家林业和草原局召开新闻发布会，通报"春雷2018"专项打击行动成果。

6月21日，以森林认证助推林业现代化为主题的森林认证工作座谈暨学术研讨会在江苏南京召开，会议研讨新形势下全方位推进森林认证的措施与路径。彭有冬副局长出席会议并讲话，并为第二批中国森林认证产销监管链试点单位授牌。

6月25～26日，张永利副局长在甘肃调研生态环境损害责任追究和祁连山国家公园试点情况，并与甘肃省委书记林铎就林业草原改革发展工作交换意见。张永利强调，"要深入学习贯彻习近平生态文明思想特别是总书记关于祁连山国家公园体制试点重要批示指示精神，认真践行绿水青山就是金山银山的理念，以坚决政治决心和高度担当精神，全面做好祁连山国家公园试点和生态环境保护工作，努力开创林业和草原现代化建设新局面，为维护国家生态安全、建设美丽中国贡献力量。"

6月25～27日，以"竹藤南南合作助推可持续绿色发展"为主题的2018世界竹藤大会在北京召开。李克强总理向大会致贺信。厄瓜多尔总统莫雷诺、哥伦比亚总统桑托斯向大会发来视频贺辞。全国人大常委会副委员长郝明金、埃塞俄比亚联邦议会人民代表院副议长米纳蕾、国际竹藤组织秘书处总干事费翰思出席开幕式并致辞。张建龙局长主持开幕式并宣读李克强总理贺信。国际竹藤组织董事会联合主席江泽慧获得"全球竹藤事业终身成就奖"。各界代表1 200余人参加大会，会议发布《2018竹藤黄页》《国际竹藤贸易报告》等重要成果。

6月25日～7月1日，全国绿化委员会办公室专职副主任胡章翠率团出席在瑞典举行的第十三届大森林论坛并发表主旨演讲。

6月26日，国家林业和草原局通过江苏连云港花果山国家地质公园和安徽灵璧磬云山国家地质公园的命名。至此，我国共建立国家地质公园209个，授予国家地质公园建设资格61个、省级地质公园343个。

6月29日，库布其30年治沙成果总结暨服务"一带一路"绿色经济推进会在北京召开。

6月30日，中国龙江森林工业集团有限公司在哈尔滨挂牌成立，标志着黑龙江省重点国有林区改革迈出了实质性步伐，对分离政府社会职能、加快林区改革进程、促进林区转型发展具有重要意义。张建龙局长、中共黑龙江省委书记张庆伟出席会议并讲话，黑龙江省省长王文涛宣读了省委、省政府批复，并共同为中国龙江森林工业集团有限公司揭牌。

6月30日至7月1日，张建龙局长赴辽宁调研湿地保护修复情况。张建龙强调，湿地资源特别是滨海湿地是我国自然资源的精华，要深入学习贯彻习近平生态文明思想，强化湿地保护修复，增强湿地生态功能，实现人与自然和谐共生。

7月2日，经联合国教科文组织世界遗产委员会同意，贵州梵净山获准列入《世界遗产名录》。我国世界遗产增至53处，其中，世界自然遗产增至13处。我国世界自然遗产总数跃居世界第一。

7月6日，《全国森林城市发展规划（2018—2025年）》发布。《规划》确定了"四区、三带、六群"的中国森林城市发展格局。根据《规划》，到2020年我国将建成6个国家级森林城市群、200个国家森林城市；到2025年，将建成300个国家森林城市。

7月10日，韦华同志先进事迹报告会在北京召开。张建龙局长出席并讲话。会议提出，林业和草原系统广大干部职工要深入学习韦华同志先进事迹，大力弘扬忠诚、担当、奉献的"熊猫人"精神，坚定理想信念，积极担当作为，不断开创林业和草原事业改革发展新局面，为建设生态文明和美丽中国贡献力量。张永利副局长主持报告会并宣读《关于开展向韦华同志学习活动的决定》，刘东生、彭有冬、谭光明、张鸿文、胡章翠等局领导出席。

7月11日，国务院办公厅印发关于调整全国绿化委员会组成人员的通知，中共中央政治局常委、国务院副总理韩正任全国绿化委员会主任。

同日，东北虎豹国家公园标识正式发布和启用，标识造型来源于秦代虎符，意在表达"山助虎豹威，虎豹增山雄"的生态主题。

7月12~13日，在泰国曼谷召开的世界自然保护联盟亚洲保护地伙伴关系第四次执委会会议上，我国正式加入亚洲保护地伙伴关系，成为亚洲保护地伙伴关系国家成员。

7月14日，国务院印发《关于加强滨海湿地保护严格管控围填海的通知》，明确从4个方面进一步提高滨海湿地保护水平，严格管控围填海活动。

7月17日，张建龙局长作为《联合国防治荒漠化公约》第十三次缔约方大会主席，在纽约联合国总部出席《联合国防治荒漠化公约》秘书处组织举办的非洲可持续、稳定与安全部长级会议，并向与会各方介绍中国防沙治沙与国际合作情况和库布其治沙模式。

7月19日，中国—乌拉圭林业工作组第一次会议在乌拉圭蒙得维的亚召开。张建龙局长和乌拉圭牧农渔业部部长恩佐·贝内奇出席会议。中乌双方交流了在森林资源管理和监测、林产品贸易和投资、防止土地退化和荒漠化、草原生态治理等方面的发展经验和合作需求，同意每两年召开一次工作组会议，共同研究制定合作计划和具体活动，张建龙局长还诚挚邀请乌拉圭加入国际竹藤组织。

7月19~20日，第二届全国林业院校校长论坛在东北林业大学召开，中国林业教育学会理事长彭有冬副局长出席会议并讲话。

7月25日，张建龙局长在北京会见俄罗斯自然资源部副部长兼林务局局长伊万·瓦连基克。双方充分肯定中俄林业工作组机制的重要作用，表达了在森林防火、森林病虫害防治、跨境自然保护区建设等领域加深合作的愿望，并召开中俄林业工作组第九次会议暨投资政策研讨会。

7月26日，国家林业和草原局发布《国家林业和草原长期科研基地规划（2018—2035年）》，首批批复长期科研基地50个。

7月27日，国家林业和草原局与吉林省政府局省共建示范项目"东北生态大数据中心"在吉林省长春市落成。张建龙局长、吉林省副省长李悦为大数据中心揭牌，张鸿文总经济师主持揭牌仪式。

7月29日至8月3日，全国人大常委会副委员长、九三学社中央主席武维华率队深入新疆、宁夏两地，专题调研三北工程建设、草原生态修复、节水林业等，对三北工程40年建设作出高度评价，对我国林草建设提出了新要求。

8月3日，调研组在宁夏银川召开座谈会，与各级工程建设者和基层干部群众座谈交流三北工程建设情况。张建龙局长、刘东生副局长、张守攻院士等参加座谈。

7月30日，中共中央办公厅、国务院办公厅印发《国家林业和草原局职能配置、内设机构和人员编制规定》。规定国家林业和草原局是自然资源部管理的国家局，为副部级，加挂国家公园管理局牌子。国家林业和草原局设15个司（局、室）和机关党委、离退休干部局，机关行政编制429名；跨地区设置森林资源监督专员办事处15个，作为派出机构，行政编制304名。

8月14~15日，国家公园国际研讨会在云南省昆明市召开。李春良副局长出席会议并致辞，张鸿文总经济师作主报告。

8月16日，国家林业和草原局举行大熊猫保护研究成果新闻发布会暨首届中国大熊猫国际文化周发布会，介绍我国大熊猫保护与研究工作取得的重要进展和显著成效。截至2017年底，全国圈养大熊猫种群数量首次突破500只，野外大熊猫濒危状况得到进一步缓解，大熊猫科研及野化放归取得阶段性成果，大熊猫科研成果实现全球共享。

8月16~17日，第二届大中亚林业部长级会议在吉尔吉斯斯坦比什凯克召开，彭有冬副局长率团出席。会议围绕加强大中亚国家林业合作，促进跨境生物多样性及森林生态系统保护、恢复干旱地植被、加强沙漠化防治进行了深入探讨，达成多项共识。

8月23日，主题为"熊猫文化世界共享"的首届中国大熊猫国际文化周开幕式在北京中华世纪坛举行。

8月28日，全国推进大规模国土绿化现场会在青海省西宁市召开。张建龙局长要求，认真学习贯彻习近平生态文明思想，按照党中央、国务院的决策部署，加快推进大规模国土绿化行动，不断提升林草资源总量和质量，持续改善全国生态状况，为促进经济社会可持续发展、建设生态文明和美丽中国创造更好的生态条件。

8月28～29日，张建龙局长在青海省海北藏族自治州专题调研祁连山国家公园建设情况。张建龙强调，建立祁连山国家公园，是以习近平同志为核心的党中央站在中华民族永续发展的战略高度作出的一项重大决策，必须提高政治站位，坚持以习近平生态文明思想为指引，制定最严格的制度，采取最严格的措施，维护祁连山生态系统的完整性、原真性，为子孙后代留下珍贵的自然遗产。

8月31日，国家林业和草原局召开电视电话会议，决定自9月1日至12月10日，在全国范围内组织开展"绿剑2018"专项打击行动，以维护林地、森林和野生动植物资源安全，坚决遏制涉林违法犯罪持续高发的态势。

9月4日，国际雪豹保护大会在广东深圳开幕。近200位代表、专家围绕雪豹保护面临的问题，共同探讨加强雪豹保护的科学对策和政策建议。李春良副局长出席开幕式并致辞。

9月11日，国家林业和草原局召开动员会，部署开展十八届中央巡视反馈问题整改落实情况"回头看"，进一步贯彻落实习近平总书记关于巡视工作的重要指示精神，推进中央巡视反馈意见在全局的落实落地，推动全面从严治党向纵深发展。国家林业和草原局党组书记、局长张建龙，中央纪委国家监委驻自然资源部纪检监察组组长、自然资源部党组成员罗志军出席会议并讲话。国家林业和草原局党组成员、副局长张永利主持会议，李春良、张鸿文、胡章翠等局领导及中央纪委国家监委驻自然资源部纪检监察组副组长陈春光出席会议。

9月12～13日，"一带一路"生态治理民间合作国际论坛在甘肃省武威市举办，论坛主题为"分享中国生态治理经验，推动民间国际合作，促进生态共建共享"。全国政协原副主席罗富和出席开幕式，并为11家企业颁发"福布斯中国荒漠化治理绿色企业"奖，联合国副秘书长刘振民为论坛发来贺信。国家林业和草原局党组成员、人事司司长谭光明，中国绿化基金会主席陈述贤、阿根廷农业工程协会主席奥大维·普瑞泽·帕多等出席并致辞。

9月17日，国家林业和草原局举办机构改革后新任命机关司局级领导干部宪法宣誓活动。国家林业和草原局党组书记、局长张建龙，中央纪委国家监委驻自然资源部纪检监察组组长、自然资源部党组成员罗志军分别与新任命的机关司局级领导干部进行集体任职谈话和廉政谈话。张永利、刘东生、谭光明、胡章翠等局领导及中央纪委国家监委驻自然资源部纪检监察组副组长陈春光出席。

9月18日，张建龙局长会见新西兰林业部长肖恩·琼斯。双方就人工林种植、林产品贸易、林业产业开发、打击木材非法采伐等议题交换意见，表达了深化林业务实合作的迫切愿望。

9月20日，中国林业大数据中心、中国林权交易（收储）中心在云南省昆明市正式成立。

9月21日，张永利副局长与加拿大公园管理局局长丹尼尔·沃森代表双方在加拿大渥太华签署了《关于自然保护地事务合作的谅解备忘录》。根据协议，双方将在国家公园、自然保护区以及其他自然保护地的建立和管理方面开展合作，包括国家公园、自然保护区等自然保护地的结对。

9月22日，国家林业和草原局与北京大学共同召开绿水青山就是金山银山有效实现途径研讨会，深入贯彻落实习近平总书记关于绿水青山就是金山银山的重要理念，分享各地将绿水青山打造为金山银山的成功经验，进一步从理论上、实践上探索绿水青山就是金山银山的有效实现路径，更好推动生态文明和美丽中国建设。张建龙局长出席会议并讲话，北京大学党委副书记安钰峰致辞，刘东生副局长主持研讨会。

9月25日，贵州梵净山世界遗产证书颁发仪式在北京举行。联合国教科文组织文化助理总干事埃内斯托·雷纳托·奥托内·拉米雷斯为贵州梵净山颁发世界遗产证书。

9月26日，"中尼犀牛保护合作研究"启动仪式在上海野生动物园举行，尼泊尔向中国赠送两对亚洲独角犀牛，用于繁育研究和向公众展示教育。同日，第十八届中国·中原花木交易博览会在河南省鄢陵县开幕，上海市梦花源等 12 家单位被授予第二批国家重点花文化基地称号。

9月27~28日，全国活化集体林经营权促进规模经营现场经验交流会在湖南省浏阳市举行。

9月28日，全国森林草原防灭火工作电视电话会议在北京召开。国务院总理李克强对森林草原防灭火工作作出重要批示。国务委员、国家森林草原防灭火指挥部总指挥王勇出席会议并讲话。国家森林草原防灭火指挥部副总指挥、国家林业和草原局局长张建龙通报 2018 年春夏季森林草原防火工作情况和秋冬季工作安排建议。

同日，国家公园与生态文明建设高端论坛在甘肃省敦煌市举行，甘肃省省长唐仁健、张永利副局长分别致辞。

同日，国家林业和草原局启动成立林业和草原国家创新联盟，批准建立首批林业和草原国家创新联盟 110 个。

10月9日，2018 沙产业创新博览会暨沙产业高峰论坛在内蒙古阿拉善举办。这是中国作为联合国防治荒漠化公约第十三次缔约方大会主席国的重要活动之一。国家林业和草原局局长、《联合国防治荒漠化公约》第十三次缔约方大会主席张建龙，内蒙古自治区政府主席布小林等出席活动开幕式。

10月11~12日，打击野生动植物非法贸易国际会议在英国伦敦举行，彭有冬副局长率团出席。会议围绕打击野生动植物违法犯罪、减少需求、关闭非法市场、加强国际合作等议题进行了深入交流并达成广泛共识。我国打击野生动植物非法贸易成果得到了与会代表的高度赞誉。

10月15日，2018 森林城市建设座谈会在广东省深圳市举行。全国政协副主席、关注森林活动组委会主任李斌出席会议并讲话。张建龙局长出席并讲话，彭有冬副局长主持会议并宣读国家森林城市称号批准决定。北京市平谷区等 27 个城市被授予国家森林城市称号，全国国家森林城市达 165 个。

10月21日，黑龙江伊春森工集团有限责任公司挂牌成立。

10月22~25日，《湿地公约》第十三届缔约方大会在阿联酋迪拜召开，李春良副局长率团出席。大会以"湿地，城镇可持续发展的未来"为主题，中国常德、常熟、东营、哈尔滨、海口、银川入选全球首批 18 个国际湿地城市。

10月23日，主题为"人工林——实现绿色发展的途径"的第四届世界人工林大会在北京开幕。张建龙局长、联合国防治荒漠化公约秘书处执行秘书莫妮卡·巴布、联合国粮食与农业组织驻中国代表马文森、国际林联执行主任亚历山大·巴克出席开幕式并讲话。刘东生副局长主持大会开幕式，中国工程院院士沈国舫等近 700 名专家学者出席会议。

同日，全国绿化委员会办公室、中国绿化基金会与浙江蚂蚁小微金融服务集团股份有限公司在北京签署"互联网＋全民义务植树"战略合作协议，共同创新全民义务植树的尽责形式，推进义务植树和国土绿化事业创新发展。

10月25日，彭有冬副局长会见蒙古国家环境和旅游部国务秘书桑佳尔·赛格米帝。双方就森林虫害防治、蒙古戈壁熊栖息地保护项目、荒漠化防治、树种联合研究及森林防火等共同关心的议题交换意见。双方一致希望，在合作谅解备忘录的基础上，继续保持定期会议良好机制，持续深化在林业与生态保护等方面的务实合作。

10月27日，中国林业科学研究院建院 60 周年纪念大会在北京举行。张建龙局长、国际林联执行主任亚历山大·巴克、国际热带木材组织执行主任格哈德·迪亚特尔出席纪念大会开幕式并致辞。

10月29日，祁连山国家公园管理局、大熊猫国家公园管理局分别在甘肃兰州、四川成都挂牌成立。这标志着我国国家公园体制试点工作进入全面推进的新阶段。张建龙局长分别与甘肃省省长唐仁健、四川省省长尹力为祁连山、大熊猫国家公园管理局揭牌。

10月31日，中国国家林业和草原局与加拿大公园管理局在四川卧龙签署关于中国大熊猫国家公园与加拿大贾斯珀国家公园和麋鹿岛国家公园结对的合作协议。李春良副局长、加拿大环境及气候变化部部长凯瑟琳·麦肯娜代表双方签字。

11月1日，西北农林科技大学举行草业与草原学院成立大会以及黄土高原草原恢复与利用工程技术研究中心授牌仪式，这是国家林业和草原局批准成立的我国第一个草学领域工程技术研究中心。同日，国家林业和草原局办公室印发《关于扎实做好野猪非洲猪瘟等野生动物疫源疫病监测防控工作的通知》，要求野猪分布省（自治区、直辖市）林业主管部门，把边境地区、野猪出现频次较高区域、与散养家猪存在交叉接触区域、距疫点不足50公里的浅山区等作为重大防控风险区，严密监测防控野猪非洲猪瘟疫情。

11月2日，国家林业和草原局党组召开会议，深入学习贯彻习近平总书记关于坚决整治形式主义、官僚主义的系列重要讲话和批示精神，研究决定开展形式主义、官僚主义问题集中整治工作，严肃查办形式主义、官僚主义问题线索，充分发挥巡视利剑作用，强化警示教育，加大通报曝光力度，以身边事教育身边人。会议审议通过《中共国家林业和草原局党组关于开展形式主义、官僚主义问题集中整治的实施方案》。

11月5日，第二届世界生态系统治理论坛在浙江省杭州市举办。论坛主题为树立生态命运共同体发展理念，健全全球生态系统治理体系，推进治理能力现代化，促进全球生态系统治理知识和经验的国际分享。张建龙局长出席开幕式并讲话，联合国副秘书长刘振民向论坛发视频祝贺，世界自然保护联盟总干事英格·安德森，印度尼西亚环境和森林部总司长巴古斯·赫鲁多佐·吉普托诺，浙江省人大常委会副主任史济锡等致辞，彭有冬副局长主持。论坛期间，张建龙专门会见了出席第二届世界生态系统治理论坛的世界自然保护联盟、自然资源保护协会、大自然保护协会等国际保护组织负责人。

11月12日，国家林业和草原局林产工业规划设计院成立60周年研讨会在北京召开，张建龙局长出席会议并为新成立的金融创新和咨询中心、无醛人造板国家创新联盟授牌。

同日，纪念中国野生动物保护协会成立35周年座谈会在北京召开。35年来，中国野生动物保护协会引导推动全国建立基层协会832个，会员超过41万人。

11月13日，全国绿化委员会、国家林业和草原局印发《关于积极推进大规模国土绿化行动的意见》。

11月14日，国家林业和草原局、贵州省人民政府在贵阳签署战略合作框架协议，支持贵州省实施"大扶贫、大数据、大生态"战略行动，建设长江经济带林业草原改革试验区。张建龙局长、中共贵州省委书记孙志刚、省长谌贻琴等出席仪式，张鸿文总经济师代表国家林业和草原局签字。

同日，"伟大的变革——庆祝改革开放40周年大型展览"在国家博物馆正式向公众开放。国家林业和草原局在社会建设、生态文明建设和对外开放3个展区参展，展示了林业产业、生态扶贫、森林执法、林业对外开放等内容。四代领导人义务植树、东北虎豹国家公园沙盘、濒危野生动植物保护生态造型墙等展示内容成为展览重点，林业和草原建设成为反映国家40年生态巨变的展示亮点。

同日，全国绿化委员会、国家林业和草原局印发《关于积极推进大规模国土绿化行动的意见》，提出到2020年，推动生态环境总体改善，生态安全屏障基本形成；到2035年，国土生态安全骨架基本形成，美丽中国目标基本实现；到2050年，迈入林业发达国家行列。

11月15日，第六届中国林业学术大会在中南林业科技大学举行，会议颁发了第九届梁希科技奖和第七届梁希科普奖。《中国智慧林业体系设计与实施示范》《植物细胞壁力学表征技术体系构建及应用》等6个项目荣获梁希科技奖一等奖。

11月16日，国家林业和草原局生态扶贫暨扶贫领域监督执纪问责专项工作会议在贵州荔波召开，会议要求着力推进生态补偿扶贫、国土绿化扶贫、生态产业扶贫、林草科技扶贫，着力强化定点扶贫工作，做好扶贫领域监督执纪问责，为坚决打赢脱贫攻坚战作出更大贡献。会上，国家林业和草原局与中国邮政储蓄银行签署林业生态扶贫工作战略合作协议。

11月28日，科技部批准建设东北虎豹生物多样性国家野外科学观测研究站，这是第一个针对国家公园生态系统长期观测的国家级野外科学观测研究站。

11月30日，三北工程建设40周年总结表彰大会在北京召开。中共中央总书记、国家主席、中央军委主席习近平对三北工程建设作出重要指示强调，三北工程建设是同我国改革开放一起实施的重大生态工程，是生态文明建设的一个重要标志性工程。经过 40 年不懈努力，工程建设取得巨大生态、经济、社会效益，成为全球生态治理的成功典范。当前，三北地区生态依然脆弱。继续推进三北工程建设不仅有利于区域可持续发展，也有利于中华民族永续发展。要坚持久久为功，创新体制机制，完善政策措施，持续不懈推进三北工程建设，不断提升林草资源总量和质量，持续改善三北地区生态环境，巩固和发展祖国北疆绿色生态屏障，为建设美丽中国作出新的更大的贡献。中共中央政治局常委、国务院总理李克强批示指出，40 年来，经过几代人的艰苦努力，三北防护林体系建设取得巨大成就，在祖国北疆筑起了一道抵御风沙、保持水土、护农促牧的绿色长城，为生态文明建设树立了成功典范。要牢固树立新发展理念，坚持绿色发展，尊重科学规律，统筹考虑实际需要和水资源承载力等因素，继续把三北工程建设好，并与推进乡村振兴、脱贫攻坚结合起来，努力实现增绿与增收相统一，为促进可持续发展构筑更加稳固的生态屏障。会议传达学习习近平重要指示和李克强批示。中共中央政治局常委、国务院副总理韩正出席会议并讲话。国务院常务副秘书长丁学东、国家林业和草原局局长张建龙、国家发展改革委副主任胡祖才、人力资源和社会保障部副部长游钧、自然资源部副部长赵龙、生态环境部副部长翟青、中国科学院副院长张亚平出席。三北地区 13 个省（自治区、直辖市）和新疆生产建设兵团，工程区重点市县负责同志，以及受表彰代表参加会议。

同日，北京林业大学成立草业与草原学院，张永利副局长为学院揭牌。作为林业类院校的首家草业与草原学院，该院将以草坪学为重点，发展草坪学、草原学和牧草学 3 个二级学科，培养服务草原生态建设管理人才。

12 月 3 日，纪念改革开放 40 周年草原改革发展座谈会在北京举行。李树铭副局长、中国工程院院士任继周等出席。12 月 3 日国家林业和草原局印发《林业草原生态扶贫三年行动实施方案》及贯彻落实分工方案，提出大力实施生态补偿扶贫、积极推进国土绿化扶贫、认真实施生态产业扶贫、全力开展定点扶贫，实现生态改善和脱贫攻坚双赢。

12 月 4 日，国家林业和草原局召开党组会议，学习贯彻三北工程建设 40 周年表彰大会精神。会议传达习近平总书记重要指示、李克强总理批示和韩正副总理讲话精神，要求全国林业和草原系统迅速掀起学习贯彻会议精神热潮，把会议精神贯穿于林业草原事业改革发展的各方面全过程，推动林业草原工作再上新的水平。国家林业和草原局党组书记、张建龙局长主持会议。张永利、彭有冬、李树铭、李春良、谭光明、胡章翠等局领导出席会议。

12 月 4~5 日，全国乡村绿化美化现场会在广西桂林召开，刘东生副局长出席并讲话。

12 月 6 日，国家林业和草原局国家公园规划研究中心在国家林业和草原昆明勘察设计院揭牌成立，这是国家林业和草原局（国家公园管理局）成立的专门致力于国家公园规划研究的专业机构。张鸿文总经济师为中心揭牌。

12 月 6~8 日，皖苏沪浙赣松材线虫病联防联治会议在安徽省黄山市召开。刘东生副局长出席并带队督导黄山松材线虫病防治工作。

12 月 10 日，"绿剑 2018"专项打击行动圆满结束，行动历时百日，取得丰硕成果，共破获重特大案件 579 起，打击处理各类涉林违法犯罪人员 4.7 万余人，打掉犯罪团伙 112 个，放飞、放生野生动物约 19 万余头（只），有效震慑和遏制了各类涉林违法犯罪行为。

12 月 12 日，"东北虎豹国家公园保护生态学"国家林业和草原局重点实验室在北京师范大学揭牌成立，彭有冬副局长、北京师范大学党委书记程建平出席。

同日，首届中国野生植物保护大会在山东省烟台市召开。全国政协副主席李斌出席大会并讲话，李春良副局长主持开幕式，中国林学会理事长赵树丛讲话。

12 月 13 日，国务院新闻办公室召开新闻发布会，公布我国岩溶地区第三次石漠化监测结果。监测结果显示，截至 2016 年，我国石漠化土地面积为 1 007 万公顷，占岩溶面积的 22.3%，潜在石漠化土地面积 1 466.9 万公顷。与 2011 年相比，5 年间，石漠化土地净减少 193.2 万公顷，年均减少 38.6 万公顷，年均缩减率为 3.45%。石漠化扩展的趋势得到有效遏制，岩溶地区石漠化土地呈现面积持续减少、危害不断减轻、生态状况稳步好转的态势。林草植被保护和人工造林种草对石漠化逆转的贡献率达到 65.5%。

12 月 16 日，2018 中国森林旅游节在广州开幕。全国政协原副主席罗富和、国家林业和草原局刘东生副局长、广东省副省长张光军等领导出席开幕式。开幕式上为 24 个新设立的国家森林公园、6 个新命名全国森林旅游示范市、28 个新命名全国森林旅游示范县授牌。截至 2018 年，全国森林旅游游客量预计超过 16 亿人次，约占国内旅游人数的 30%，创造社会综合产值预计超过 1.4 万亿元。

12 月 16~17 日，首届中国—东盟森林旅游合作座谈会在广州召开，中国国家林业和草原局刘东生副局长、亚太森林恢复与可持续管理组织董事会主席赵树丛、柬埔寨林业局副局长博尼卡·陈、老挝林业局副局长桑颂·叟撒玛可、马来西亚生物多样性与林业管理局局长达托·纨·玛姿·纨·莫哈穆德出席。

12 月 17 日，国家林业和草原局科学技术委员会召开换届会议，成立第六届科学技术委员会。张建龙局长任科学技术委员会主任，彭有冬副局长任副主任，局党组成员、人事司司长谭光明等出席。中国科学院院士唐守正、中国工程院院士尹伟伦等 16 位知名专家任第六届科技委员会常务委员。

12 月 24 日，国务院新闻办公室召开新闻发布会，正式发布《三北防护林体系建设 40 年综合评价报告》。报告显示，三北工程实施累计完成造林保存面积 3 014.3 万公顷，森林覆盖率由 5.05% 提高到 13.57%，活立木蓄积量由 7.2 亿立方米增加到 33.3 亿立方米。40 年来，三北工程发挥出巨大的生态、经济和社会效益。工程区林草资源显著增加，森林面积净增 2 156 万公顷；风沙危害和水土流失得到有效控制，水土流失面积相对减少 67%；农田防护林有效改善农业生产环境，提高低产区粮食产量约 10%；生态环境明显改善，促进了区域经济社会发展，吸纳农村劳动力 3.13 亿人次，累计接待游客 3.8 亿人次，特色林果业、森林旅游经济对群众稳定脱贫贡献率达到 27%。

12 月 25 日，全国林业企业参与精准脱贫工作座谈会在北京召开，17 家林业企业与国家林业和草原局定点帮扶的 4 个县签订了合作意向书，意向金额达 17.5 亿元。

12 月 29 日，竹藤基因组学学术成果在北京发布，我国在世界上首次破译黄藤和单叶省藤两种棕榈藤的全基因组信息。

2019 年

1 月 17 日，为加强国家林业和草原局专业标准化技术委员会建设和管理，根据《中华人民共和国标准化法》有关规定，国家林业和草原局研究制定了《国家林业和草原局专业标准化技术委员会管理办法》。

2 月 13 日，为规范国家林业和草原长期科研基地管理，提升长期科研基地建设水平，充分发挥长期科研基地的基础和战略作用，国家林业和草原局研究制定了《国家林业和草原长期科研基地管理办法》。

2 月 14 日，森林和草原是重要的可再生资源。合理利用林草资源，是遵循自然规律、实现森林和草原生态系统良性循环与自然资产保值增值的内在要求，是推动产业兴旺、促进农牧民增收致富的有效途径，是深化供给侧结构性改革、满足社会对优质林草产品需求的重要举措，是激发社会力量参与林业和草原生态建设内生动力的必然要求。为合理利用林草资源，高质量发展林草产业，实现生态美、百姓富有机统一，提出《国家林业和草原局关于促进林草产业高质量发展的指导意见》（林改发〔2019〕14 号）。

3 月 25 日，为认真贯彻中央关于实施乡村振兴战略和农村人居环境整治的决策部署，深入落实《乡村振兴战略规划（2018—2022 年）》和《农村人居环境整治三年行动方案》要求，大力推进乡村绿化美化，不断改善提升村容村貌，积极建设美丽宜居乡村，国家林业和草原局研究制定了《乡村绿化美化行动方案》。

5 月 12 日，为贯彻落实党中央、国务院关于生态文明建设的总体部署，进一步发挥海南省生态优势，深入开展生态文明体制改革综合试验，建设国家生态文明试验区，根据《中共中央、国务院关于支持海南全面深化改革开放的指导意见》和中央办公厅、国务院办公厅印发的《关于设立统一规范的国家生态文明试验区的意见》，制订实施方案。

5 月 24 日，野生动物保护事关生态安全、民生福祉和国家形象。为进一步加强生态安全保护，推进生态文明建设，市场监管总局、国家林业和草原局决定自即日起至 10 月，在全国范围内联合开展一次野生动物保护专项整治行动。

6 月 3 日，为进一步加强和规范国家林业和草原局重点学科建设管理，推进林业草原学科内涵建设，国家林业和草原局研究制定了《国家林业和草原局重点学科建设管理暂行办法》。

7 月 16 日，为进一步规范国家级森林公园总体规划审批工作，国家林业和草原局组织对《国家级森林公园总体规划审批管理办法》进行了修订，国家林业和草原局局务会议审议通过。

7 月 22 日，根据中央关于严禁上级业务部门以下发文件、考核督查等形式干预地方机构编制事项的纪律规定，国家林业和草原局对《国家林业局关于全面推进林业法治建设的实施意见》（林策发〔2016〕155 号）作出修改。

8 月 5 日，为深入贯彻落实中共中央、国务院印发的《乡村振兴战略规划（2018—2022 年）》，进一步推动国家森林步道体系建设，更好地满足人民日益增长的高品质多样化户外游憩需要，国家林业和草原局决定继续在大山系、大林区推动国家森林步道建设。经研究和调查论证，小兴安岭、大别山、武陵山 3 条线路具有较好的基础，已具备国家森林步道建设的基本条件，现予公布。各地要充分认识国家森林步道建设的重要性，加大规划和建设力度，逐步完善道路、景观、教育、服务等设施和功能，努力发挥国家森林步道在促进生态文明建设、助力乡村振兴、推动区域经济发展中的巨大潜力，使其日益成为我国重要的旅游之道、健康之道、文化之道、发展之道。

8 月 20 日，种苗是林业草原事业发展的重要基础，是提高林地草地经济、生态和社会效益的根本。在党中央、国务院高度重视下，我国种苗事业取得了长足发展，为实施大规模国土绿化行动提供了有力保障。同时，种苗发展不平衡不充分、总量供给严重过剩和结构性供给不足、自主创新能力不强、种苗工作基础薄弱等问题十分突出，成为林业草原现代化建设的一大短板。为推进种苗事业高质量发展，更好地满足林业草原事业发展的需求提出意见。

9 月 10 日，为进一步加强对在沙化土地封禁保护区范围内进行修建铁路、公路等建设活动的监督管理，根据《中华人民共和国防沙治沙法》和《国务院关于取消一批行政许可事项的决定》（国发〔2017〕46 号）等有关规定，林草局研究制定了《在国家沙化土地封禁保护区范围内进行修建铁路、公路等建设活动监督管理办法》。

9 月 27 日，加强候鸟保护是贯彻习近平生态文明思想的重要内容，是衡量一个国家、一个民族文明进步的重要标志。秋冬季是候鸟大规模迁徙和集群活动的季节，也是乱捕滥猎、滥食鸟类等野生动物非法案件的高发期。少数不法分子在候鸟迁徙路线沿途大肆捕捉、毒杀、非法催肥饲养和贩运候鸟，特别是近期河北、辽宁等地又相继出现破坏鸟类资源案件，造成了恶劣的社会影响。为切实巩固生态文明建设成果，坚决遏制并严厉打击伤害候鸟等野生动物违法犯罪活动，确保候鸟的迁徙及越冬安全，下发《国家林业和草原局关于切实加强秋冬季候鸟保护的通知》（林护发〔2019〕92 号）。

11 月 7 日，2018 年，国家林业和草原局与地方各级林业和草原主管部门深入贯彻落实党的十九大精神，坚持以习近平生态文明思想为指导，按照党中央、国务院的总体部署，紧紧围绕《强化应对气候变化行动——中国国家自主贡献》《"十三五"控制温室气体排放工作方案》及《林业应对气候变化"十三五"行动要点》《林业适应气候变化行动方案（2016—2020 年）》确定的目标任务，认真履行部门职责，强化组织领导，加强政策保障，采取有力措施，扎实推进林业和草原应对气候变化创新发展，各项工作取得新进展。为进一步宣传林业和草原应对气候变化方针政策，充分展示林业和草原应对气候变化工作成效，积极营造共同应对气候变化的良好氛围，国家林业和草原局组织编制了《2018 年林业和草原应对气候变化政策与行动》。

11 月 8 日，为进一步落实国务院深化"放管服"改革的要求，创新林木采伐管理机制，强化便民服务举措，提高采伐审批效能，切实解决"办证难、办证繁、办证慢"的问题，依法保护和合理利用森林资源，下发《国家林业和草原局关于深入推进林木采伐"放管服"改革工作的通知》（林资规〔2019〕3 号）。

11 月 8 日，随着新一代人工智能技术不断取得应用突破，全球加速进入智慧化新时代，人工智能将成为未来第一生产力，对人类生产生活、社会组织和思想行为带来颠覆性变革。抢抓人工智能发展机遇，深化智慧化引领，既是全面建成智慧林业的重要举措，更是林草业顺应时代潮流、实现智慧化跃进的良好机遇。为深入贯彻《国务院关于印发〈新一代人工智能发展规划〉的通知》（国发〔2017〕35 号）精神，全面推动人工智能技术在林草业核心业务中的应用，提出《国家林业和草原局关于促进林业和草原人工智能发展的指导意见》（林信发〔2019〕105 号）。

12 月 2 日，《引进林草种子、苗木检疫审批与监管办法》国家林业和草原局局务会议审议通过。

12 月 16 日，为加强国家林业草原工程技术研究中心建设与管理，不断提升林草科技自主创新能力，更好地促进林草科技成果转移转化，为新时期林业草原高质量发展和现代化建设提供强有力的科技平台支撑，国家林业和草原局对《国家林业局工程（技术）研究中心认定办法（试行）》（林科发〔2011〕290 号）进行了修改完善，制定了《国家林业草原工程技术研究中心管理办法》。

2020 年

1 月 26 日，为严防新型冠状病毒感染的肺炎疫情，阻断可能的传染源和传播途径，市场监管总局、农业农村部、国家林业和草原局决定，自本公告发布之日起至全国疫情解除期间，禁止野生动物交易活动。

2 月 18 日，春季是我国候鸟大规模北迁和集群活动季节，也是乱捕滥猎滥食鸟类等野生动物违法犯罪活动的高发期。各地近几年普遍加大了鸟类等野生动物保护力度，集中打击违法犯罪活动，特别是在全国奋力抗击新冠肺炎疫情这个特殊时期，各地陆生野生动物保护主管部门根据《国家林业和草原局关于切实加强鸟类保护的通知》（林护发〔2020〕13 号），扎实推进鸟类保护工作，取得了一定成效。但鉴于当前我国候鸟春季迁徙已经开始，有迹象表明，部分省份乱捕滥猎候鸟的违法犯罪行为有抬头趋势，严重威胁候鸟迁徙安全。特别是天津、河北、辽宁、黑龙江、四川和云南等地，是我国中部、东部候鸟迁徙通道的重要节点，也是东亚—澳大利西亚和中亚—印度候鸟迁徙路线的重要时空交汇点。遏制住重要节点和交汇点的违法犯罪活动，对加强全国鸟类资源保护具有至关重要的作用。各地陆生野生动物保护主管部门要在认真落实《市场监管总局、农业农村部、国家林业和草原局关于加强野生动物市场监管积极做好疫情防控工作的紧急通知》（国市监明电〔2020〕2 号）、《国家林业和草原局关于进一步加强野生动物管控的紧急通知》（林发明电〔2020〕1 号）以及《市场监管总局、农业农村部、国家林业和草原局关于禁止野生动物交易的公告》（市场监管总局公告 2020 年第 4 号）等的基础上，切实做到守土有责，守土担责，守土尽责，全面加强鸟类保护。为确保候鸟迁徙安全，就严厉打击破坏鸟类资源违法犯罪活动，压实监督管理责任有关工作紧急下发《国家林业和草原局关于严厉打击破坏鸟类资源违法犯罪活动压实监督管理责任确保候鸟迁飞安全的紧急通知》（林护发〔2020〕18 号）。

2 月 20 日，《中华人民共和国森林法》已由中华人民共和国第十三届全国人民代表大会常务委员会第十五次会议于 2019 年 12 月 28 日修订通过，自 2020 年 7 月 1 日起施行。

2 月 27 日，为认真贯彻落实中央关于统筹推进新冠肺炎疫情防控和经济社会发展工作部署会议精神，根据局党组的部署，组织好经济林和林下经济产品产销对接、解决产品卖难问题，经商阿里巴巴集团，拟将可食性经济林和林下经济产品滞销问题纳入阿里巴巴"农产品滞销卖难信息反馈通道"机制，阿里巴巴将利用自身的相关资源，并根据需求情况、产地条件等选择采购。各相关经济林和林下经济经营企业、合作社或经营大户可直接与阿里巴巴"农产品滞销卖难信息反馈通道"对接，具体的方式为：手机下载钉钉 App，联系客服号"aixinzhunong"，添加成功后按照提示填报产地、品种和数量、联系人和电话等信息即可。

4月2日，草原是我国面积最大的生态系统和自然资源，是生态文明建设的主阵地，对维护国家生态安全、促进草原地区经济社会发展具有重要作用。禁牧休牧制度是草原生态保护的一项基本制度。近年来，各地认真落实草原禁牧休牧制度，取得了明显成效。但一些地方禁牧休牧制度落实不到位，禁而不止、休而不息、监管弱化虚化等问题比较突出。为进一步加强草原禁牧休牧工作，加快草原生态恢复，巩固草原保护成果，下发《国家林业和草原局关于进一步加强草原禁牧休牧工作的通知》（林草发〔2020〕40号）。

4月10日，《国务院办公厅关于生态环境保护综合行政执法有关事项的通知》（国办函〔2020〕18号）印发后，生态环境部经国务院同意出台了《生态环境保护综合行政执法事项指导目录（2020年版）》。

5月7日，2014年，原国家林业局和原国家工商行政管理总局联合发布《集体林地承包合同（示范文本）》和《集体林权流转合同（示范文本）》，引导和规范了合同当事人签约履约行为，减少了合同纠纷隐患，成效显著。根据新修订的《中华人民共和国农村土地承包法》和《中华人民共和国森林法》等法律法规以及《不动产登记暂行条例》有关规定，国家林业和草原局联合国家市场监督管理总局对《集体林地承包合同（示范文本）》和《集体林权流转合同（示范文本）》进行了修订并印发，2014版同时废止。

6月3日，为落实党中央、国务院关于不动产统一登记的要求，适应林业发展改革需要，解决林权类不动产登记工作不规范、不到位等问题，坚持不变不换、物权法定、便民利民原则，全面履行林权登记职责，下发《自然资源部办公厅、国家林业和草原局办公室关于进一步规范林权类不动产登记做好林权登记与林业管理衔接的通知》（自然资办发〔2020〕31号）。

6月19日，自然资源部办公厅、国家林业和草原局办公室联合发布《关于进一步规范林权类不动产登记做好林权登记与林业管理衔接的通知》坚持问题导向、物权法定、"不变不换"、便民利民原则，从规范登记业务受理、依法明确登记权利类型、创新方式开展林权地籍调查、积极稳妥解决难点问题、加快数据资料整合移交、加强林权登记和林业管理工作衔接等6个方面提出指导性意见，适应林业发展改革需要，进一步规范林权登记，全面履行不动产登记职责。

7月1日，新修订的森林法自7月1日起施行。该法充分体现出"生态优先、保护优先"的原则，同时实行森林分类经营管理，力求实现林业建设可持续发展。新森林法的一大亮点，是将植树节以法律形式规定下来，明确每年3月12日为植树节，进一步强化了各级人民政府及其有关部门、有关企事业单位以及城乡居民的造林绿化责任。新森林法加大了对天然林、公益林、珍贵树木、古树名木和林地的保护力度，完善了森林火灾科学预防、扑救以及林业有害生物防治制度。针对现实中一些企业、单位采挖移植林木破坏森林资源的突出问题，明确采挖移植林木按照采伐林木管理。新森林法加大了对天然林、公益林、珍贵树木、古树名木和林地的保护力度，完善了森林火灾科学预防、扑救以及林业有害生物防治制度。针对现实中一些企业、单位采挖移植林木破坏森林资源的突出问题，明确采挖移植林木按照采伐林木管理。新森林法确立了森林分类经营管理制度，将森林分为公益林和商品林，公益林实行严格保护，商品林则由林业经营者依法自主经营。在符合公益林生态区位保护要求和不影响公益林生态功能的前提下，经科学论证，可以合理利用公益林林地资源和森林景观资源，适度开展林下经济、森林旅游等。对于商品林，则明确在不破坏生态的前提下，可以采取集约化经营措施，合理利用森林、林木、林地，提高商品林经济效益。

同日，国家林业和草原局提出，从7月起开展黄河流域国家级自然保护区（不包括国家公园试点区内国家级自然保护区）的第三方管理评估，系我国首次。开展第三方评估是我国自然保护区管理评估工作的制度创新。2021—2022年，国家林业和草原局将对其他区域国家级自然保护区开展评估。

7月10日，在森林草原防灭火的新体制下，加强森林草原防灭火一体化建设是避免重蹈覆辙的关键所在。

7月13日，为充分利用国家林草信息化数据资源，加快三北防护林体系工程信息化发展，根据国家林业和草原局统一安排，三北局向中国林业科学研究院资源信息研究所申请使用自然资源陆地卫星数据产品，包括产品类型和覆盖范围、成像时间及数据级别等内容，为三北防护林工程重点区域植被变化监测与评价提供服务。随着国家高分专项的加快实施和《国家民用空间基础设施中长期发展规划（2015—2025年）》的落实，建成天空地一体化、完善的国家对地观测体系，以满足林草监测和监管业务对高空间、高光谱和高时间分辨率遥感数据和处理技术的需求，提升林草遥感监测的精度和实时性，优化林草调查和监测的流程，提升智能化和自动化水平，结合"三北"工程建设特性，"三北"局将陆续开展相关领域的高分卫星林草业务应用，有效支撑林草调查、监测业务应用和林草部门高效履职。

7月14日，为加快建立自然资源政府公示价格体系，完善自然资源分等定级价格评估与监测，促进自然资源保护与合理开发利用，支撑自然资源资产产权制度改革，自然资源部部署了2019年度和2020年度自然资源评价评估工作。规划院作为技术支撑单位，承担全国林地、草地分等定级和政府公示价格体系建设试点项目，以及海南省主要自然资源政府公示价格体系建设项目。

7月14日，国家发展改革委发布通知提出，组织开展绿色产业示范基地建设，到2025年，培育一批绿色产业龙头企业。绿色产业基地建设将围绕推动绿色产业集聚、提升绿色产业竞争力、构建技术创新体系、打造运营服务平台、完善政策体制机制等重点任务展开。

7月15日，为助推江西省新余市产业扶贫常态化，确保贫困户脱贫不返贫，中国林科院亚林中心科技人员前往新余市分宜县钤山镇苑坑村草珊瑚种植基地，对一年生草珊瑚苗、两年生草珊瑚苗的种植情况进行调研。

7月16日，"三北"局规划办召开专题会议，认真学习《北方防沙带生态保护和修复重大工程建设规划（2021—2035年）》（初稿）和《东北森林带生态保护和修复重大工程建设规划（2021—2035年）》（初稿），逐章逐节对规划文本进行讨论，研究提出可行性的修改意见和建议。

7月17日，退耕还林还草综合效益监测评估启动座谈会在中国林科院召开。目前，退耕还林还草效益监测评价已初步建立起生态工程效益监测评价工作机制，制定和形成退耕还林还草效益监测评价的标准规范。

7月21日，国家林业和草原局近期将联合相关部门，开展破坏野生植物资源专项打击整治行动，清理整顿全链条交易，严厉打击乱采滥挖野生植物、破坏野生植物生存环境、违法经营利用野生植物行为，引导网上交易平台和网下交易场所严格管控经营利用野生植物行为。

7月22日，荒漠司党支部举办"每月一课"干部轮讲，国际履约处处长付蓉就中国荒漠化履约情况作专题讲座。党支部书记孙国吉主持。付蓉以《认真践行习近平外交思想，深刻把握中国荒漠化履约面临的机遇与挑战》为题，深入阐述了习近平外交思想对开展中国荒漠化履约工作的重要指导意义，客观分析了新时代中国荒漠化履约工作面临的发展机遇和国际、国内双重挑战，并结合履约工作实际和自身学习思考，提出了一系列应对之策。孙国吉强调，要继续深入剖析荒漠化履约面临的机遇和挑战，在国际事务中继续体现大国担当，把荒漠化防治和履约工作不断推向前进，让荒漠化履约成为外交政治的重要抓手。

7月24日，首次退耕还林还草文化研究座谈会在中国林科院召开，围绕"退耕还林还草文化构建与传播"进行了充分研讨，达成了广泛共识，标志着退耕还林还草文化建设全面启动。国家林业和草原局退耕办主任李世东出席会议并讲话，副主任李青松主持会议，中国林科院林业科技信息研究所所长王登举、中国生态文明研究院院长林震等出席会议。

7月29日，国家林业和草原局召开全国松材线虫病防治电视电话会议，贯彻落实中央领导同志重要批示精神，总结研判当前疫情形势，研究部署"十四五"时期松材线虫病防控工作。